Buchtitel

3. Auflage, erschienen 11-2019

Umschlaggestaltung: Romeon Verlag
Text: Manfred Schenk
Layout: Romeon Verlag
Cover-Bild: © Berthold Werkmann - fotolia.com

ISBN: 978-3-96229-045-0

Copyright © Romeon Verlag, Kaarst

Das Werk ist einschließlich aller seiner Teile urheberrechtlich geschützt. Jede Verwertung und Vervielfältigung des Werkes ist ohne Zustimmung des Verlages unzulässig und strafbar. Alle Rechte, auch die des auszugsweisen Nachdrucks und der Übersetzung, sind vorbehalten. Ohne ausdrückliche schriftliche Genehmigung des Verlages darf das Werk, auch nicht Teile daraus, weder reproduziert, übertragen noch kopiert werden. Zuwiderhandlung verpflichtet zu Schadenersatz.

Alle im Buch enthaltenen Angaben, Ergebnisse usw. wurden vom Autor nach bestem Gewissen erstellt. Sie erfolgen ohne jegliche Verpflichtung oder Garantie des Verlages. Er übernimmt deshalb keinerlei Verantwortung und Haftung für etwa vorhandene Unrichtigkeiten.

Bibliografische Information der Deutschen Nationalbibliothek:
Die Deutsche Nationalbibliothek verzeichnet diese Publikation in der Deutschen Nationalbibliografie; detaillierte bibliografische Daten sind im Internet über *http://dnb.dnb.de* abrufbar.

Hilfe!
Ich will meine Firma verkaufen.

*Je besser Sie Ihren
Firmenverkauf planen,
desto weniger
trifft Sie der Zufall!*

Manfred Schenk

Hilfe!
Ich will meine Firma verkaufen.
Wir Sie einen Käufer für Ihre Firma finden.

Ein Ratgeber für alle kleinen und mittelständischen Unternehmer/-innen, die den Verkauf ihrer Firma planen.

Inhaltsverzeichnis

Leserstimmen	13
Vorwort zu dieser Neuauflage	17
Vorwort	19
Kapitel 1	**22**
Die IST-Situation	22
Das Nachfolgeproblem der KMU	22
Blick in die Realität	22
Im Grunde haben es KMU mit zwei Hauptproblemen zu tun:	22
Eine Umfrage brachte es an den Tag!	23
Das Ergebnis dieser Bewertung kann man in drei Kategorien zusammenfassen	31
Wenn keiner laut schreit, hört auch keiner hin.	35
Ein fiktives Beispiel soll dies verdeutlichen:	36
Was einen »Leitwolf« und einen Unternehmer verbindet	41
Warum Firmenübergaben scheitern	44
Kapitel 2	**51**
Die Informations-Phase	51
Und warum wollen Sie Ihre Firma verkaufen?	51
Die häufigsten Verkaufsmotive	52
Verkaufsgrund: Aus Altersgründen	53
Verkaufsgrund: Negativer Geschäftsverlauf	54
Verkaufsgrund: Liquiditätsprobleme	55
Verkaufsgrund: Stress	56
Verkaufsgrund: Eine neue Herausforderung suchen.	57
Verkaufsgrund: Krankheit	58
Lösung des Problems:	58
Zusammenfassung:	59
Nachfolgeberater, pro & kontra	61

Das Leistungspaket eines Nachfolgeberaters	62
Stichwort: Unternehmenswert	62
Stichwort: Nachfolge-Stresstest	63
Stichwort: Risikoeinschätzung	63
Stichwort: Firmenpräsentation	63
Stichwort: Käuferdatenbank	64
Stichwort: Akquisition von Kaufinteressenten	64
Stichwort: Anonymität	64
Stichwort: Qualifikation von Kaufinteressenten	64
Stichwort: Bilanz-Transparenz	64
Stichwort: Verhandlungsvorbereitung	65
Jeder Unternehmer muss einkalkulieren, dass der Faktor Mensch die große Unbekannte ist.	66
Was unterscheidet einen seriösen von einem unseriösen Firmenmakler?	66
Der unseriöse Firmenmakler	67
Die Arbeitsweise:	67
Wichtige Info zum Thema TÜV-Zertifizierung	68
Der seriöse Firmenmakler	69
Die Arbeitsweise:	69
Provision und Honorar	69
Modell: Provision + Honorarzahlungen	70
Modell: Provision + einer zu zahlenden Servicepauschale	
Modell: Honorar auf reiner Erfolgsbasis	70
Hier eine kleine Entscheidungshilfe	71
Wenn ein Gerücht sich verbreitet – oder – wie wichtig ist mir die Bewahrung meiner Anonymität?	72
Ist meine Firma übernahmewürdig?	75
Was ist meine Firma wert?	77
Das Ebit-Multiple-Verfahren	77
Das Substanzwertverfahren	77
Zahlungsmethoden	80
Wie der Verkaufspreis (Wert) einer Firma ermittelt wird.	82

Ertragswertverfahren	82
Substanzwertverfahren	82
Discounted-Cash-Flow-Verfahren	83
Marktwertverfahren	83
Ebit-Multiple-Verfahren	83
Praxisbezogenes Berechnungsmodell zur Wertermittlung:	85
Beispiel für eine fiktive Musterfirma:	85
Beispiel 1: Kaufpreis-Ermittlung auf neutraler Basis	85
Beispiel 2: Reduzierung des Kaufpreises durch Kostenbereinigung bei einem kleineren Unternehmen.	86
Beispiel 3: Erhöhung des Kaufpreises durch Kostenbereinigung	
Kapitel 3	91
Die Planungs-Phase - oder - Die Vorbereitung auf den Verkauf	91
Mögliche Käufer-Risiken aufdecken	91
Welche Unterlagen verlangt ein Käufer?	92
Kapitel 4	97
Die Verkaufsphase	97
Den Verkauf einleiten	97
Schritt 1: Dokumenten-Management:	98
Schritt 2: Zeit-Management:	98
Schritt 3: Akquisitions-Management:	98
Schritt 4: Verhandlungs-Management:	98
Das Kurz-Exposé	99
In der Praxis hat sich folgende Gliederung bewährt:	100
Ein Beispiel aus der Praxis:	100
Das Lang-Exposé	102
Auch hier die Punkte im Einzelnen:	102
Kunden und Marktpräsenz	103
Mitarbeiter	103
Rechtsform	103
Einzelfirma oder Kapitalgesellschaft	103

Zusätzlich > Umsatz- und Ertragszahlen	103
Verkaufsgrund	103
Kaufpreis	103
Zusammenfassung	103
Zusätzlich > Kontaktdaten	103
Den Zeitplan festlegen	104
Negativ-Beispiel: Frühstart	104
Negativ-Beispiel: Schlechte Urlaubsplanung	105
Negativ-Beispiel: Schönheitsreparaturen	105
Eine Firma verkauft sich nicht von alleine	106
Der Käufer, das unbekannte Wesen - oder - Die Suche nach der Nadel im Heuhaufen.	107
Kein Mensch wartet auf Ihr Verkaufsangebot!	107
Käuferklientel - Investoren	108
Strategische Käufer	109
Existenzgründer	109
Eigenkapital versus Kaufpreis versus Einkommen	110
Wo laufen sie denn? Den idealen Käufer finden	111
Nur wer auffällt, erregt Aufmerksamkeit.	112
Vertriebskanäle	112
Käufer-Akquisition über das Internet	112
Käufer-Akquisition über Zeitungsanzeigen	113
Käufer-Akquisition über ein Direkt-Mailing	113
Ein Kaufinteressent meldet sich – und jetzt?	114
Der Startschuss ist gefallen!	114
Nun zum Prozedere	115
Verkauf erfolgt gegen Gebot	118
Die Vorbereitung auf das erste Gespräch	121
Fehler, die Sie beim ersten Gespräch vermeiden sollten.	123
Käufer-Typ-Beschreibung	126
Typ – »Der Sympathieträger« – oder – »Alles kein Problem!«	126
Typ - »Der Furchtsame« – oder – »Risiko, nein danke!«	127
Typ – »Der Macher« – oder – »Alles hört auf mein Kommando!«	127

Typ - »Der Stratege« – oder – »Der Wolf im Schafspelz«	128
Typ - »Der Schulmeister« – oder – »Ich weiß alles besser!«	129
Das zweite Gespräch mit einem Interessenten	133
Ein Selbsttest	137
Risikofaktor Kundenstruktur	137
Risikofaktor Marktentwicklung	138
Risikofaktor Personal	138
Sie, der Inhaber als Risikofaktor	139
Risikofaktor betriebswirtschaftliche Kennzahlen	139
Das Kaufmotiv des Käufers	140
Die Konsequenz:	141
Was Sie bei der Kaufpreisfindung berücksichtigen sollten:	142
Spezial-Verhandlungstaktiken	142
Strategie: »Gut Freund«	142
Strategie: »Ein Versuch ist nicht strafbar.«	144
Der Teufel steckt im Detail	146
Die Absichtserklärung (LOI – Letter of intent)	146
Der Kaufvertrag	149
Die Verkaufsoptionen: Asset-Deal-Teilverkauf	150
Die Verkaufsoptionen: Share-Deal-Kauf von Geschäftsanteilen	150
Die Verkaufsoptionen: Earn-Out-Teilzahlung	151
Zahlungsmodalitäten	151
Größere Anzahlung, Rest in Raten	152
Kleine Anzahlung, Rest in Raten	152
Kapitel 5	155
Zusammenfassung	155
Nachfolge-Checkliste	155
Prüfen Sie Ihr wahres emotionales Verkaufsmotiv.	155
Entscheiden Sie sich, ob Sie Ihre Firma im Alleingang verkaufen wollen oder mit der Unterstützung eines Beraters/Firmenmaklers.	156
Berechnen Sie einen Preiskorridor für Ihre Firma.	156
Prüfen Sie, ob Ihre Firma übernahmewürdig ist.	157
Durchleuchten Sie Ihre Firma nach möglichen Risiken, die einen Käufer	

abschrecken könnten. 157
Bereiten Sie alle relevanten Unternehmensunterlagen so vor, dass diese griffbereit auf Wunsch vorgelegt werden können. 157
Klären Sie mit Ihrem Steuerberater, mit welcher Steuerbelastung Sie bei einem Verkauf rechnen müssen. 157
Erstellen Sie ein Kurz- und ein Lang-Exposé über Ihre Firma. 157
Legen Sie einen Zeitplan fest. 157
Leiten Sie die nötigen Schritte ein. 158
Qualifizieren Sie jeden Kaufinteressenten. 158
Bereiten Sie sich auf den Kontakt mit einem Interessenten vor. 158
Legen Sie sich eine Verhandlungstaktik zurecht. 158
Reduzieren Sie Ihre Erwartungshaltung. 158
Bleiben Sie bis zum Ende wachsam. 158
Seien Sie daher realistisch: 158
Steuerbelastung und Steuerfreibeträge 159
Der Veräußerungsgewinn wird folgendermaßen berechnet: 159
Ratenzahlung 161
Verkauf einer Kapitalgesellschaft 161

Kapitel 6 163
Und sonst ... 163
Fragenkatalog für einen Selbsttest 163
Zusammenfassend 168
Geheimhaltungsvereinbarung (Muster) 169
Der Autor 171

Leserstimmen

Die hier aufgeführten Amazon-Rezensionen entsprechen den Originaltexten auf Amazon. Die Rezensionen können Sie auf Amazon nachlesen. Geben Sie einfach den Titel des Buches: Hilfe! Ich will meine Firma verkaufen in die Suchmaske ein und klicken Sie dann auf das Cover-> Mann schaut auf Leiter nach oben.

Geniales praxisbezogenes Buch!
Selten so ein tolles Fachbuch gehabt, kurzweilig, 100 % Praxis, bringt alles auf den Punkt, ist in wenigen Stunden gelesen (und zum Schmunzeln, wobei ich mir denken kann, dass für viele Betroffene diese Wahrheiten eher sehr bitter sind.

Schön wenn ein Praktiker das auch so präzise zu Papier bringt! Hab's schon an meinen STB und anderen Kontakten weiterempfohlen.

Bester Ratschlag
Das Buch sagt alles, was zu diesem Thema nötig ist. Es ist an sich ein sehr schwieriges Feld und ein Fachmann macht sich immer bezahlt, in diesem Fall ist es das Buch!
Danke!

Perfektes kann man nicht toppen!
Nachdem wir nunmehr unsere Firma erfolgreich verkauft haben, möchte ich es nicht versäumen mich beim Autor für das tolle Buch: „Hilfe! Ich will meine Firma verkaufen" recht herzlich zu bedanken.

Das Buch ist jeden „Pfennig" wert. Ich habe das Buch seit März 2015 bestimmt 10 x gelesen und 200 mal in die Hand genommen. In 40 Jahren Selbstständigkeit habe ich kein so gut gemachtes und zutreffendes Sachbuch gesehen. Alle Achtung!

Alles, was dort drin steht traf auch auf mich zu. Über die verschiedenen Käufertypen bis hin zu den langwierigen Bankverhandlungen und dem x-ten Mal zusenden von Unterlagen an die einzelnen Interessenten. Alles passte.

Und nur diesem Buch ist es zu verdanken, dass ich dabei nicht die Geduld verloren habe und es letztendlich zu einem guten Verkauf kam. Ich weiß nicht was ich sonst noch schreiben könnte - perfektes kann man nicht toppen!

Der Firmenmakler als Psychologe...
Sicherlich gilt es so vieles zu beachten was dieses Buch an Hintergrundwissen ehrlich und leicht verdaulich beschreibt. Was aber Viele übersehen: Sobald sich Käufer und Verkäufer der Firma erstmals gegenüber sitzen, haben beide bereits ihre Entscheidung eigentlich getroffen, der Verkäufer will verkaufen, der Käufer will kaufen. Sonst säße man nicht am Tisch.

Hier geht es jetzt nicht mehr darum die Gegenseite durch verkaufsfördernde Argumente von etwas zu überzeugen, was bereits still beschlossen ist, hier geht es nur noch darum, es nicht mehr zu versauen!

Kaufentscheidungen hängen aber auch viel von Sympathien ab, kaum ein Interessent wird eine Firma übernehmen, wenn die Chemie nicht stimmt und die Übernahme und Einarbeitung durch den Verkäufer aufgrund unstimmiger Chemie zum Desaster zu werden droht.

Hier hat dann der Firmenmakler eher die Position des Moderators und Psychologen, welcher zwischen den Stühlen vermittelnd sitzt und jeweilig den schwarzen Peter auf sich nimmt, wenn es darum geht, Forderungen der einen oder anderen Seite zu formulieren, ohne dass es eine Partei anfängt persönlich zu nehmen. Dies ist mindestens genauso wichtig, wie tolle Bilanzzahlen des Unternehmens.

Kaum eine Unternehmensnachfolge scheitert an den Bilanzzahlen, denn diese sind ja schon im Vorfeld bekannt, bevor sich Käufer und Verkäufer erstmals begegnen, und diese Zahlen ändern sich auch nicht gravierend. Scheitert die Übernahme, sind es menschliche Faktoren welche dies verursachen, welche der Firmenmakler nicht geschafft hat zwischen den Parteien in Einklang zu bringen.

Daher kann ich allen nur zwei Dinge dringendst raten:
- Erstens, kaufen sie das Buch, lesen Sie es - und vor allem befolgen Sie es!
- Zweitens, besorgen Sie sich einen versierten Makler

Am besten den Autor des Buches, welcher beruflich im Fach tätig ist und lassen Sie sich durch den Verkaufsprozess professionell begleiten. Dann klappst auch...

Echter Geheimtipp

Da ich in 2-3 Jahren meine Firma verkaufen will, versuche ich mich auf diesen Prozess optimal vorzubereiten. Aus diesem Grund habe ich schon drei Bücher zu dem Thema Unternehmensnachfolge gelesen. Ich behaupte daher, dass ich mir mittlerweile ein Urteil erlauben kann.

Dieser Ratgeber macht seinem Namen alle Ehre: Eine echte Hilfestellung – und nahezu geschenkt! Meine Vorrezensenten haben mit ihren Bewertungen auch völlig Recht.
Klasse gemacht!

Hilfreich

Empfinde dieses Buch als sehr hilfreich für Unternehmer wie mich die sich mit der Nachfolgefrage auseinandersetzen (müssen).

Enthält viele praktische Hinweise und man merkt, dass der Autor viel Erfahrung auf dem Gebiet der Unternehmensnachfolge hat.Bevor man sich von einem Lebenswerk trennt sollte man dieses Buch absolut lesen!

TOP Buch, uneingeschränkt empfehlenswert!
Das Buch ist TOP, sehr empfehlenswert! Alles ist sehr prägnant auf den Punkt gebracht. Kurz und verständlich, dort wo nötig ausführlich und umfassend.

Alle wichtigen Fragen werden behandelt. Prima Tipps aus der Praxis. Klartext für alle, die Klarheit beim Thema suchen. Inklusive Beratung durch den Autor, da bleibt keine Frage offen!

Einleuchtend erklärt!
Endlich ein Buch, dass das Problem der Unternehmensnachfolge aus der Sicht der Betroffenen aufzeigt. Dieses Buch zeigt anhand von vielen Beispielen, warum der Verkauf der eigenen Firma sich für viele Unternehmer/-innen zum Alptraum entwickelt.

Alle Fragen, die im direkten Zusammenhang mit einer Unternehmensnachfolge von Relevanz sind, werden verständlich und anhand von Beispielen sehr einleuchtend vermittelt. Insbesondere die Erklärung, warum Unternehmer so handeln und nicht anders, gibt der Thematik Unternehmensnachfolge im Mittelstand ein vollkommen neues Bild.

Vorwort zu dieser Neuauflage

Seit der 1. Auflage dieses Buches, 2012, hat sich der Markt für Firmenverkäufe/Firmenübernahmen erheblich verändert.

Dies liegt zum einen daran, dass sich im Zeitalter einer Vollbeschäftigung und Facharbeitermangels (Stand: September 2019) der Käufermarkt erheblich verändert hat und zum anderen liegt es an der immer stringenteren Vorgehensweise der Banken, wenn es um eine Unternehmensfinanzierung geht.

Unabhängig davon gibt es eine große Hürde, die jedes Unternehmen, das einen Käufer sucht, meistern muss. Die Hürde lautet: *Hat das zum Verkauf stehende Unternehmen ein nachhaltiges Zukunftspotenzial?*

Die Bedeutung des Begriffs „nachhaltiges Zukunftspotenzial" kann man in einem Satz zusammenfassen: *„Ein Unternehmen muss in der Lage sein, seine Stellung langfristig in seinem Markt zu behaupten bzw. noch weiter ausbauen zu können."*

Die Größe eines Unternehmens sowie die Branche spielen dabei eine untergeordnete Rolle, da es unterschiedliche Käufergruppen gibt. D. h., die Frage nach dem Zukunftspotenzial ist für ein „Ein-Mann-Unternehmen" genauso zu erfüllen, wie für ein Industrieunternehmen mit Hunderten von Mitarbeitern.

Das bedeutet, dass selbst ein klassisches Einzelhandelsfachgeschäft, welches über eine zukunftsträchtige Strategie verfügt, genauso einen Käufer finden kann, wie ein Dienstleistungsunternehmen mit einer innovativen Geschäftsidee.

Aus der Sicht eines Käufers ist dies auch bei einer sich rasant verändernden Wirtschaft die einzige Möglichkeit, eine sichere Investition zu tätigen. Ein negatives Beispiel soll dies verdeutlichen:

Konnten vor wenigen Jahren Videotheken noch satte Gewinne einstreichen, ist diese Branche mittlerweile dem Untergang geweiht.

Auf der anderen Seite werden heute teilweise Stau-up-Unternehmen in einer Höhe bewertet, die sich jeder logischen Bewertungsmethodik entziehen. Dies ist ein weiterer Beweis dafür, dass das Thema Zukunftspotenzial das Zünglein an der Waage ist.

Manfred Schenk, im Oktober 2019

Vorwort

Wie verkaufe ich meine Firma?
Vor diesem Problem stehen alle mittelständischen Unternehmerinnen und Unternehmer, die keinen Nachfolger für ihre Firma haben. Zu der Gruppe der kleinen und mittelständischen Unternehmen zählen alle Unternehmen unter 250 Mitarbeitern. (Quelle: Amtsblatt der Europäischen Union Nr. L 124 vom 20. Mai 2003, S. 36.)

Die Realität, und daran hat sich seit meinen ersten erfassten Statistiken, die ich seit 2008 durchführe, nahezu nichts geändert: **Über 50 % aller Nachfolgeregelungen – gerade bei Unternehmen unter 20 Mitarbeitern – scheitern.**

Sicher geglaubte Erlöse aus dem Firmenverkauf, die teilweise mit in die Altersversorgung eingeplant werden, entpuppen sich als Fehlspekulation. In vielen Fällen droht der soziale Abstieg. Das ist die schlechte Nachricht. Die gute Nachricht ist, dass bei entsprechender Vorbereitung und Planung dieses Szenario vermeidbar ist. Die Lösung dieses Problems setzt aber ein grundsätzliches Umdenken bei den betroffenen Unternehmerinnen und Unternehmern voraus. Entscheidend ist die Betrachtungsweise unter dem Gesichtspunkt von Ursache und Wirkung. Dies fängt bei der Begründung der angestrebten Unternehmensnachfolge an und hört bei der Betrachtungsweise der Firma aus der Sicht eines Käufers auf.

Die Basis für dieses Buch
Die Basis ist die Analyse aus Hunderten von Verhandlungen zwischen Käufern und Verkäufern, die ich als Berater geleitet habe. Ich zeige Ihnen die zwischenmenschliche Brisanz auf, die unabhängig vom sozialen Status allen Beteiligten zu schaffen macht.

Um es auf den Punkt zu bringen: Der eigentliche Erfolgs- und Risikofaktor bei einer Unternehmensnachfolge ist der Faktor Mensch mit all seinen emotionalen Facetten. Neben diesem Punkt steht heute die Zukunftsfähigkeit eines Unternehmens bzw. des Geschäftsmodells im Fokus der Betrachtungsweise. Ich verzichte daher bewusst auf theoretische Ausführungen, die im Zweifelsfall mehr Verwirrung als Aufklärung erzeugen.

Hier wird »Mittelständisch« gesprochen
Unmissverständlich und eindeutig in der Aussage und manchmal auch ein bisschen provokativ. Sie werden erkennen, dass neben den Finanzkennzahlen der Prozess einer Unternehmensnachfolge eigene Regeln besitzt und gewisse Voraussetzungen zwingend erfüllt werden müssen. Ich betone deshalb zwingend, weil hier das Naturgesetz zutrifft: »Ein bisschen schwanger gibt es nicht!«

Nur wenn die Wünsche aller Parteien – Verkäufer, Käufer und im Bedarfsfall die einer Bank – zu 100 % erfüllt werden, ist eine erfolgreiche Nachfolgeregelung zu realisieren.

Dieses Buch besitzt zwei Hauptmerkmale. Zum einen verweise ich auf einen chronologischen Fahrplan gemäß der Philosophie: »Mache den richtigen Schritt zum richtigen Zeitpunkt«. Des Weiteren befasst sich dieses Buch mit dem zwischenmenschlichen – und damit dem psychologischen Aspekt zwischen Verkäufer und Käufer. Jede einzelne Phase des Verkaufsprozesses wird beleuchtet und erklärt. Das ist deshalb von Bedeutung, weil eine schlecht geplante und von einem falschen Motiv geleitete Unternehmensnachfolge, von vornherein zum Scheitern verurteilt ist.

Dieses Buch ist in vier Haupt-Kapitel aufgeteilt
Im ersten Kapitel wird die aktuelle Ist-Situation (2019) der kleinen und mittelständischen Unternehmen beschrieben. Ein Blick in die Vergangenheit zeigt, dass hier der Grund für ein bestimmtes kon-

ditioniertes - typisch mittelständiges - Verhaltensmuster in der Unternehmerschaft liegt.

Das zweite Kapitel beschäftigt sich mit der Informations-Phase einer Nachfolgeregelung. In der Phase geht es um die elementare Frage: Warum wollen Sie überhaupt verkaufen? Ebenfalls wird in diesem Kapitel auch die Frage geklärt, wie man einen Firmenkaufpreis ermittelt und wie Sie einen seriösen von einem unseriösen Firmenmakler unterscheiden können.

Das dritte Kapitel geht dann nahtlos in die Planungs-Phase über. Hier werden alle Voraussetzungen, die im Zusammenhang mit einer Nachfolge wichtig sind, schonungslos auf den Prüfstand gestellt.

Im vierten Kapitel wird der eigentliche Verkaufsprozess beschrieben. Insbesondere die Punkte Verhandlungsvorbereitung und Verhandlungsführung werden ausführlich geschildert. Das Ganze ist mit vielen Beispielen aus der Praxis angereichert.

Damit Sie den größten Nutzen aus diesem Buch ziehen, empfehle ich Ihnen, immer einen Stift oder noch besser einen farbigen Textmarker zur Hand zu haben.

Markieren Sie jede Textzeile, die auf Sie persönlich zutrifft, sowie alle sachbezogenen Punkte, die Sie für wichtig halten. Beim zweiten Lesen brauchen Sie dann nur noch die markierten Textzeilen zusammenzufügen und haben somit sehr schnell ein umfassendes Ergebnis.

Ich wünsche Ihnen nun viel Spaß beim Lesen.

PS: *Da ich nicht ständig von Unternehmerinnen und Unternehmern sprechen möchte, habe ich mich der Einfachheit halber für die Anrede: »Unternehmer« entschieden. Des Weiteren werde ich den Begriff kleine und mittelständische Unternehmen, da wo der unmissverständliche Zusammenhang gegeben ist, durch das gebräuchliche Kürzel KMU ersetzen.*

Kapitel 1
Die IST-Situation

Das Nachfolgeproblem kleiner und mittelständischer Unternehmen (KMU)

Blick in die Realität

Mittlerweile ist es kein Geheimnis mehr, viele kleine und mittelständische Unternehmer werden am Ende ihres Arbeitslebens mit leeren Händen dastehen. Sicher geglaubte Erlöse aus dem Verkauf der Firma zerplatzen wie eine Seifenblase. Politiker landauf, landab sprechen bereits von einer Unternehmer-Altersarmut. Was jedoch fehlt, sind Konzepte und Lösungen, die dieses Problem an der Wurzel packen.

Der Ruf der Politiker nach einer Pflicht-Rentenversicherung für Selbstständige ist daher nur eine Behandlungsmethode, ohne zu wissen, welche Krankheit überhaupt vorliegt. Die Gründe für diese Entwicklung sind sehr vielfältig. In meiner Tätigkeit als Berater habe ich festgestellt, dass die Wirtschaftskrise 2008/09 und der ab den Jahren 2017/18 eingetretene Facharbeitermangel einen dramatischen Wandel einläuteten haben. Darüber hinaus hat sich in den letzten Jahren der Markt für Firmenverkäufe in einem reinen Käufermarkt entwickelt, wo es um Angebot und Nachfrage geht.

Im Grunde haben es KMU mit zwei Hauptproblemen zu tun:

1. Es bestehen kaum Kenntnisse über den Prozess einer Unternehmensnachfolge. Der Unternehmer, unterliegt dem Trugschluss, dass der Verkauf der Firma ... *ja eigentlich nicht so kompliziert sein kann*. Häufig wird nach der Franz-Beckenbauer-Devise gearbeitet: »*Schau'n mer mal.*«

2. Eine Finanzierungsanfrage eines Käufers fällt heute des Öfteren der restriktiven Kreditvergabe der Banken zum Opfer.

Diese beiden Punkte kann man in einem Satz zusammenfassen:

Sie werden nur dann einen Käufer finden, wenn es ihnen gelingt, ein tragfähiges Übernahmemodell zu entwerfen, das aufzeigt, dass ihr Unternehmen auch in der Zukunft eine Daseinsberechtigung hat.

Es bedeutet im Umkehrschluss, dass ihre positiven Gewinnzahlen, die sie in der Vergangenheit erwirtschaftet haben, heutzutage kein Entscheidungskriterium mehr sind! Das Stichwort heißt eindeutig: Zukunftsfähigkeit.

Eine Umfrage brachte es an den Tag!
Mittlerweile habe ich 750 Unternehmen im Zuge eines geplanten Firmenverkaufs bewertet (Stand: Dez. 2018). Die Bewertung schloss sowohl die Ermittlung des Firmenwertes ein, als auch eine umfangreiche Risikoeinschätzung. Die von mir geprüften Unternehmen kamen aus nahezu allen Branchen.

Eckdaten:
- Befragungszeitraum: 05.03.2009 - 31.12.2018
- Methode: Persönliches Interview
- Basis: 620 Teilnehmer von 750 Befragten
- Grundlage: Einblick in die wirtschaftlichen Verhältnisse
- Zielgruppe: KMU bis maximal 100 Mitarbeiter. Der Schwerpunkt (73 %) waren Kleinbetriebe mit weniger als 20 Mitarbeitern.
- Grund der Befragung: Wie realistisch sind die Chancen einen Nachfolger zu finden?

Voraussetzung: Alle Unternehmen hatten die feste Absicht, ihre Firma im Zuge ihrer Nachfolgeregelung zu verkaufen beziehungsweise die Verkaufsbemühungen waren eingeleitet.

Grundsätzliches zum Thema Unternehmensnachfolge

Neben den Umsatz- und Gewinnzahlen sind es gerade die viel zu wenig beachteten weichen Faktoren, auf neudeutsch auch Soft Skills genannt, die darüber entscheiden, ob Sie einen Käufer für Ihre Firma finden werden. Es sind in der Regel nicht viele Fragen, die ein potenzieller Kaufinteressent oder ein professioneller Anleger stellt, um zu sehen, ob Sie ein geeigneter Kaufkandidat sind – oder nicht. Und genau darin liegt die Gefahr!

An der Stelle sei schon darauf hingewiesen, dass sich die Ergebnisse im Zeitraum zwischen 2012 bis 2018 kaum geändert haben! Man könnte fast von einem Dornröschenschlaf sprechen. Nur mit dem Unterschied, dass wir es hier mit keinem Märchen zu tun haben, sondern mit knallharter Realität.

Aus der Auswertung ergibt sich für viele kleine und mittelständische Unternehmen, insbesondere vor dem Hintergrund der demografischen Herausforderung, ein dringender Handlungsbedarf. Insbesondere auch unter dem Aspekt einer gesamtwirtschaftlichen Betrachtungsweise.

Hinweis: Die Befragung erhebt nicht den Anspruch, wissenschaftlich repräsentativ zu sein. Da dies mittlerweile die dritte Befragung ist, und nahezu jede Befragung bis auf geringfügige Abweichungen, immer dasselbe Ergebnis lieferte, kann man schon von einem praxisbezogenen Querschnitt im Bereich KMU sprechen.

Die Vorgehensweise:
Der von mir angewendete Fragenkataloges ist in folgende Hauptkategorien aufgeteilt:
- Potenzial des Geschäftskonzeptes
- Management / Inhaber
- Vorbereitung auf den Verkauf
- Kundenbeziehung

Besitzt das Unternehmen Zukunftspotenzial?
- Ja -> 85 %
- Ich glaube schon -> 10 %
- Keine Angabe -> 5 %

Informieren Sie sich über Branchentrends?
- Regelmäßig -> 25 %
- Gelegentlich -> 65 %
- Nie -> 10 %

Wissen Sie, wie Ihr Unternehmen im Verhältnis zum Branchendurchschnitt steht?
- Ja -> 15 %
- Keine Angaben -> 20 %
- Nein -> 65 %

Und so könnte ein Kaufinteressent reagieren: Die Prognose des Zukunftspotenzials, speziell der eigenen Branche, beruht bei vielen Unternehmern auf Annahmen, die aber nicht untermauert werden. Eine objektive Beurteilung der eigenen Firma findet nur in den seltensten Fällen statt!

Ein potenzieller Kaufinteressent würde diese Aussagen negativ bewerten. Hinzukommt, dass mittlerweile Kaufinteressenten teilweise bessere Marktkenntnisse haben als der Firmeninhaber!

Wenn man sich wiederum vor Augen hält, dass mittlerweile das Thema Zukunftspotenzial das Zünglein an der Waage ist, wird schnell klar, dass sich bei diesem Punkt - aus der Sicht eines Käufers - schnell die „Spreu vom Weizen trennen" getrennt wird.

Können Sie 14 Tage beruhigt Urlaub machen?
- Ja ->35 %
- Keine Angaben -> 35 %
- Nein -> 30 %

Haben Sie einen Stellvertreter, den Sie mir »hier und jetzt« benennen können?
- Ja -> 5 %
- Keine Angaben -> 35 %
- Nein -> 65 %

Haben Sie häufig Stress mit Ihrem Personal?
- Nein -> 15 %
- Keine Angaben -> 15 %
- Ja -> 70 %

Und so könnte ein Kaufinteressent reagieren: Die Frage: »Wie wichtig ist Ihre Anwesenheit im Unternehmen?« ist eine der am häufigsten gestellten Fragen eines Kaufinteressenten.

An dieser Stelle zeigt sich, dass viele KMU, unabhängig von der Größe des Unternehmens, sehr inhaberlastig sind. Was gleichbedeutend damit ist, dass sich der Verkauf erschwert.

Besitzen Sie eine Kundendatenbank?
- Ja -> 75 %
- Ist geplant -> 5 %
- Nein -> 20 %

Wissen Sie, wie viele Kunden Sie in den letzten 2 Jahren verloren haben?
- Ja -> 10 %
- Ich glaube ... -> 30 %
- Nein -> 60 %

Betreiben Sie »Kundenpflege« und bemühen Sie sich aktiv um neue Kunden?
- Ja -> 35 %
- Keine Angaben -> 10 %
- Nein -> 55 %

Und so könnte ein Kaufinteressent reagieren: Das Thema Kundengewinnung wird nach wie vor überraschend stiefmütterlich behandelt.

Die Anzahl der Unternehmen, die keinen Internetauftritt haben, hat sich erfreulicherweise verringert. Hingegen ist die Anzahl der Unternehmen, die ihre Internetseite aktiv zur Kundengewinnung nutzen, immer noch verschwindend gering.

Nach wie vor ist die am meisten angetroffene Aussage: »Wir haben schon ALLES ausprobiert, aber wir hatten keinen nennenswerten Erfolg«. Diese Aussage deutet ein Kaufinteressent entweder dahingehend, dass sich der Markt im Sinkflug befindet oder dass der Inhaber unfähig ist, neue Kunden zu gewinnen. Beides kann sich negativ auf den Kaufpreis auswirken.

Haben Sie die aktuelle Bilanz, BWA oder eine Unternehmensbewertung zur Hand?
- Ja, alle Unterlagen liegen vor -> 20 %
- BWA liegt vor, die Bilanz nicht -> 40 %
- Weder BWA noch Bilanz liegen vor -> 40 %

Stehen Sie Ihrem Nachfolger bei Bedarf zur Einarbeitung zur Verfügung?
- Ich habe 1 - 2 Jahre eingeplant. -> 15 %
- Ich habe 6 Monate eingeplant -> 60 %
- Ist nicht in meiner Planung -> 25 %

Was machen Sie, wenn Sie für Ihr Unternehmen keinen Käufer finden?
- Dann mache ich weiter -> 25 %
- Dann schließe ich den Laden -> 25 %
- Ich finde einen Käufer -> 50 %

Und so könnte ein Kaufinteressent reagieren: Die Vorbereitung auf den Verkauf (Bilanzen, BWA usw.) sind genauso wichtig wie die Frage, ob der Unternehmer nach der Übergabe noch zur Verfügung steht. Beide Punkte sind von gleicher Wichtigkeit. Für einen potenziellen Kaufinteressenten sind das elementare Fragen, die immer positiv beantwortet werden müssen.

Man kann es auch in einem Satz formulieren: Wenn der Inhaber keine ausreichende Einarbeitung gewährleisten kann, dann wird der Käufer die Verhandlungen abbrechen.

Wie haben Sie den Kaufpreis ermittelt?
- Anhand der Ertragszahlen -> 10 %
- Verbindlichkeiten + Kundenstamm -> 45 %
- Was brauche ich für meine Altersversorgung -> 45 %

Können Sie sich vorstellen, dass der Kaufpreis in Teilzahlungen erfolgt?
- Ja -> 10 %
- Vielleicht -> 20 %
- Nein -> 70 %

Haben Sie sich informiert, wie der Wert eines Unternehmens berechnet wird?
- IHK, Handwerkskammer, Steuerberater -> 35 %
- Über das Internet -> 10 %
- Keine Erkundigungen eingeholt -> 55 %

Und so könnte ein Kaufinteressent reagieren: Die Frage nach dem Kaufpreis erfolgt sehr häufig aus rein persönlichen Motiven. Objektive Parameter wie Umsatz und Ertrag werden nur selten berücksichtigt. Entscheidend sind bei eigenen Unternehmern die Faktoren: Schuldenabbau und Altersversorgung, was aus der Sicht eines Verkäufers legitim ist – aber letztendlich einen Käufer überhaupt nicht interessiert.

Ich kann daher jedem Unternehmen nur empfehlen, vor der Einleitung des Verkaufsprozesses eine Firmenbewertung vorzunehmen die auf Fakten beruht und nicht auf Vermutungen.

Die Frage einer Teilzahlung des Kaufpreises steht im direkten Zusammenhang mit dem Risikofaktor, den das Unternehmen birgt.

Preisvorstellung im Verhältnis zu einem Gutachten
- Das Gutachten ergab einen höheren Wert -> 5 %
- Das Gutachten war identisch -> 20 %
- Das Gutachten ermittelte einen niedrigeren Wert -> 75 %

Wie oft wurde der Erlös aus dem Verkauf fest mit in die Altersvorsorge eingeplant?
- Auf den Erlös nicht angewiesen -> 5 %
- Teilweise auf den Erlös angewiesen -> 20 %
- Auf den Erlös zu 100 % angewiesen -> 75 %

Hat sich in den letzten 24 Monaten Ihre wirtschaftliche Situation verschlechtert und hatte das Einfluss auf Ihre Entscheidung?
- Nein -> 15 %
- Keine Angaben -> 60 %
- Ja -> 25 %

Und so könnte ein Kaufinteressent reagieren: Bei vielen Unternehmern, die ihre Firma verkaufen wollen, besteht ein direkter Zusammenhang zwischen den Fragen – warum verkaufe ich und wann? Das hat z. B. teilweise konkrete Auswirkungen auf die persönlichen Zukunftsaussichten des Unternehmers, da der Unternehmenswert (Kaufpreis) mit der Altersversorgung gekoppelt ist.

Das Ergebnis dieser Bewertung kann man in drei Kategorien zusammenfassen:

1. *Gut zu verkaufen -> 25 %*
2. *Nur mit Abschlägen bis zu 50 % zu verkaufen -> 25 %*
3. *Zum jetzigen Zeitpunkt nicht zu verkaufen -> 50 %*

Fazit: Das Thema Unternehmensnachfolge hat gerade bei Kleinbetrieben mit weniger als 20 Mitarbeitern teilweise eine negative Entwicklung genommen. Die Gründe hierfür sind sehr vielfältig. Die Hauptursache liegt aber im Bereich des Vorausschauens, also durchaus in der Verantwortung des Inhabers!

An der Stelle sei schon einmal der Hinweis erlaubt, dass sich die Bewertungskriterien, die zu einer Firmenübernahme führen, wie bereits mehrfach erwähnt, geändert haben. D. h., eine reine Bewertung basierend auf den wirtschaftlichen Kennzahlen gehört der Vergangenheit an! Es gibt natürlich Ausnahmefälle, die aber in der Regel nur dann zum Tragen kommen, wenn der Käufer KEINE Bank für die Finanzierung eines Kaufpreises benötigt. Spätestens wenn der Käufer eine Finanzierungsanfrage bei seiner Bank startet, wird er feststellen, dass die Hürden bei einer Unternehmensübernahme dramatisch gestiegen sind.

Wenn sich ein Unternehmen in der Kategorie 2. oder 3. befindet, dann bedeutet das nicht, dass das Unternehmen nicht zu verkaufen ist. Es bedeutet lediglich, dass man das Unternehmen noch „fit für den Verkauf" machen muss!

Wie hoch stehen die Chancen für eine erfolgreiche Unternehmensnachfolge?

Der Wert, beziehungsweise die Verkaufbarkeit eines Unternehmens, wird durch die Überprüfung von vier Hauptmerkmalen ermittelt:

- Zukunftsfähigkeit und damit verbunden die Umsatz- und Gewinnentwicklung
- Markt- und Wettbewerbssituation
- Management
- Mitarbeiterstamm

Insbesondere der erste Punkt – Zukunftsfähigkeit – wirkt sich unmittelbar auf die Veräußerbarkeit einer Firma aus. Das bedeutet: Nur wenn **alle** Prüfungen eine **positive** Bewertung erhalten, ist ein Unternehmen zu verkaufen!

Hier noch einmal die Zusammenfassung der einzelnen Punkte mit weiteren Hintergrundinformationen.

- Es herrscht Unverständnis über die Bewertungskriterien, die ein Käufer verlangt.
- Die Prognose des Zukunftspotenzials, speziell der eigenen Branche, beruht bei vielen Unternehmern/-innen auf Annahmen, die aber nicht untermauert werden.
- Eine objektive Beurteilung der eigenen Firma findet nur in den seltensten Fällen statt!
- Das Thema Kundengewinnung wird sehr oft unprofessionell behandelt. Als Indikator kann man die Internetpräsenz vieler Firmen heranziehen. Was hier einem Käufer teilweise geboten beziehungsweise zugemutet wird, ist alles andere als auf der Höhe der Zeit.

- Die Vorbereitung auf den Verkauf kann man als mangelhaft bezeichnen. Es drängt sich fast der Eindruck auf, dass viele Unternehmer ihre Urlaubsreise besser planen als den Verkauf ihrer Firma. Ich habe nur in den seltensten Fällen erlebt, dass alle Unterlagen griffbereit waren.

- Genauso wenig gab es einen Plan, der detailliert darüber Aufschluss geben konnte, welcher Schritt wann nötig ist. Von einem Notfallplan: „Was passiert eigentlich, wenn dem Unternehmer etwas passiert", ganz zu schweigen.

- Die Ermittlung des Kaufpreises erfolgt sehr häufig aus rein persönlichen Motiven. Entscheidend waren die Faktoren Schuldenabbau und Altersversorgung, nicht aber die Ertragskraft des Unternehmens.

- Des Weiteren besteht ein deutlicher Zusammenhang zwischen der Absicht, sein Unternehmen zu verkaufen und der aktuellen Geschäftslage.

Ergebnis: Je schlechter die Geschäftslage, umso größer der Wunsch, sein Unternehmen zu verkaufen. Quintessenz: Viele Kleinbetriebe sind, wenn sie nicht aufpassen, die Verlierer in unserer neuen Wirtschaftsordnung!

Begründung:
- Geringe persönliche Rücklagen. In der Regel steckt fast jeder Euro in der Firma.

- Fehlendes Management-Wissen. Was vor der Krise durch eine »Kunde-droht-mit-Auftrag«-Situation nicht aufgefallen ist, ist heute Voraussetzung, um ein Unternehmen zu führen.

- Kaum noch Kredite von der Bank. Da, wie unter Punkt Geringe persönliche Rücklagen beschrieben, der Unternehmer jeden Euro in seine Firma investiert hat, liegt kaum noch Eigenkapital vor.

- Eine Eigenkapitalquote von ca. 20 % ist heute durch Basel II Grundvoraussetzung, um überhaupt noch einen Kredit zu erhalten.
- Keine oder nur geringe Altersversorgung. Wenn das Unternehmen unverkäuflich ist beziehungsweise der Kaufpreis weit unter der Vorstellung des Verkäufers liegt, ist die Altersversorgung gefährdet.

Eins steht fest, das hier aufgeführte Ergebnis ist keine Prognose im Sinne von ... das könnte so kommen, sondern ein Zustandsbericht über die Situation, wie sie heute schon anzutreffen ist. Bitter: Viele Unternehmer sind sich ihrer Lage (noch) nicht bewusst!

Es ist leider eine Tatsache, dass diese negative Entwicklung im Bereich Unternehmensnachfolge bei KMU seit Jahren unter dem Radar der Öffentlichkeit steht.

Im Grunde muss man den Begriff »Mittelstand« neu definieren beziehungsweise sollte man den kleineren mittelständischen Unternehmen endlich die Bedeutung zukommen lassen, die sie verdient haben!

Die Politik sowie die großen Industrie- und Wirtschaftsverbände sprechen gerne vom Motor Mittelstand. Gemeint sind aber Unternehmen mit mehr als 250 Mitarbeitern! Es wird vollkommen außer Acht gelassen, dass die Unternehmen mit weniger als 250 Mitarbeitern mittlerweile eine entscheidende Rolle in unserem Wirtschaftsgefüge spielen.

Wenn keiner laut schreit, hört auch keiner hin.

Außer der IHK und den Handwerkskammern verfügen gerade kleinere mittelständische Unternehmen über keine Lobby! Fakt ist aber: Diese Unternehmen sind aufgrund ihrer hochqualifizierten Tätigkeit auch für die Großindustrie – z. B. als Zulieferant –

unverzichtbar geworden. Man kann auch sagen: »Wenn der Mittelstand der Motor für die deutsche Wirtschaft ist, dann sind die kleinen und mittelständischen Unternehmen das Benzin, das den Motor antreibt.«

Diesen Tatbestand sollten Politik und Wirtschaft einmal zur Kenntnis nehmen. Kommen wir nach diesem kleinen Ausflug in die Wirtschaftspolitik wieder auf den Kern dieses Buches zurück: die Unternehmensnachfolge im Bereich KMU.

Um zu verstehen, warum Unternehmer bei ihrer Unternehmensnachfolge scheitern, muss man einen Blick in die Vergangenheit werfen. Ich habe schon im Vorwort auf die Bedeutung der Ursachenforschung unter dem Aspekt von Ursache und Wirkung hingewiesen. Wenn man eine Nachfolgeregelung unter dieser Prämisse sieht, dann bekommt man ein besseres Verständnis dafür, warum sich diese Situation so zugespitzt hat und noch weiter zuspitzen wird.

Ein fiktives Beispiel soll dies verdeutlichen:
- Alter des Unternehmers: 60 Jahre
- Branche: Maschinenbau
- Gründung des Unternehmens: 1983
- Verkaufsmotiv: aus Altersgründen

Dieser Steckbrief, unabhängig von der Branche, passt auf Tausende von Unternehmen in Deutschland.

Starten wir nun mit der Chronologie:
- 1982: Folgende Motive waren für unseren Unternehmer ausschlaggebend: »Ein Selbstständiger verdient mehr als ein Angestellter« – und – »Ich will tun, was ich will. Ich will mir von keinem mehr was sagen lassen«. Diese Motive werden auch heute noch von jedem Existenzgründer genannt!

- 1983: Wie es der Zufall wollte: Vor Betriebsbeginn lagen schon die ersten Aufträge vor. Das eigene – und das Sparbuch der Schwiegereltern – diente als Startkapital. Getreu dem Motto: Nur wer wagt, der gewinnt. Eine kleine Halle wurde genauso schnell gefunden wie eine gebrauchte Maschine.

- Das Finanzierungsgespräch, das mit einem guten Bekannten bei der Bank geführt wurde, dauerte ca. 7,5 Minuten.

- 1984: Inzwischen wurden zwei Mitarbeiter eingestellt und man musste sich vergrößern. Für einen größeren Auftrag musste eine neue Maschine gekauft werden. Die Finanzierung war kein Problem. Dem guten Bekannten bei der Bank reichte die Absichtserklärung des zukünftigen Kunden. Wie gesagt, man kennt sich ja schließlich.

- 1985: Um Aufträge machte sich unser Unternehmer keine Sorgen; die Aufträge kamen einfach.

- 1987: Das Unternehmen, nun im fünften Jahr erfolgreich am Markt, wuchs jedes Jahr kontinuierlich um einen weiteren Mitarbeiter. Der einzige Wermutstropfen lag darin, dass der Unternehmer zwar doppelt so viel verdiente wie sein bester Mitarbeiter, er aber dafür viermal so viel arbeiten musste. In einer stillen Stunde hat er einmal seinen Stundenlohn ausgerechnet. Danach nie wieder!

- 1988: Der Unternehmer hat seinen Arbeitsplatz von der Werkshalle ins Büro verlegt. Die Aufgabenbereiche werden von Tag zu Tag größer. Neben der Kalkulation von Angeboten kümmert er sich auch um den Bereich Mitarbeiterschulung sowie um die Vorbereitung für die monatliche Umsatzsteuererklärung.

- 2002: Zwischenbilanz: Fünfzehn Mitarbeiter müssen jeden Monat beschäftigt werden. Der morgendliche Auftragseingang über das Faxgerät ist ins Stocken geraten. Dies führt dazu, dass unser Unternehmer inzwischen zum Werbe- und Marketingfachmann mutiert ist.

- 2003: Eine Internetseite muss her. Der Unternehmer übernimmt auch diese Aufgabe so nebenbei.
- 2004: Es kommen keine Aufträge mehr über das Fax. Die Akquisition von Neukunden wird zur ultimativen Chefsache ausgerufen.
- 2005: Nach über zwanzig Jahren Selbstständigkeit stellt unser Unternehmer fest: »Mein Gründergedanke – ich will tun, was ich will, ich will mir von keinem mehr was sagen lassen – war naiv und total bescheuert.« Er stellt konsterniert fest: Das Gegenteil ist der Fall, aber es hätte ja auch schlimmer kommen können.
- 2006: Der Unternehmer, inzwischen auch der eigene IT-Spezialist (man kann ja keinem trauen!) blickt auf ein erfülltes Berufsleben zurück. Zugegeben: Nicht alles war einfach, aber wer sagt denn, dass Unternehmer sein etwas für Weicheier ist!
- 2007: Der Unternehmer befasst sich das erste Mal mit dem Thema Nachfolge.
- 2008: Das Thema Nachfolge wird vorläufig auf Eis gelegt. Drohende Wolken am Konjunkturhimmel und zwanzig Mitarbeiter, die am Ende des Monats ihre Lohntüte haben wollen. »Es wird schon nicht so schlimm werden« lautet das morgendliche Mantra des Unternehmers.
- 2009: Es wurde schlimmer! Aber man hatte ja etwas auf der hohen Kante. An Entlassungen war überhaupt nicht zu denken. Jeden seiner Mitarbeiter kannte er persönlich. Daher kamen Entlassungen überhaupt nicht infrage. Lieber würde er seinen Gürtel enger schnallen.

- 2010: Der Unternehmer schnallte seinen Gürtel enger. Sein guter Bekannter bei der Bank war auch nicht mehr bereit, den Kredit einfach mal eben zu erhöhen. Der schwafelte irgendetwas von Basel II. Aber die Chance, eine Aufstockung des Krediters zu bekommen, ist ja – nach Einsicht in die Umsatzzahlen der letzten zwei Jahre – theoretisch möglich.
- 2011: Schei..-Theorie. Da die Umsatzzahlen durch die Krise rückläufig waren und das Eigenkapital fast aufgebraucht war, sah sich die Bank außerstande, den Kreditrahmen zu erhöhen.
- 2012: Machen wir es kurz. Zuerst das Positive: Alle Mitarbeiter konnten gehalten werden. Die Auftragslage ist gut und lässt für die Zukunft hoffen. Negativ ist: Alle stillen Reserven und Rücklagen sind aufgebraucht.
- 2017: Der Unternehmer leitet seine Unternehmensnachfolge in Eigenregie ein. Wie viele seiner Unternehmerkollegen, war auch er der Meinung, dass er sich das Honorar für einen Berater sparen kann. Er musste aber nach vielen Gesprächen feststellen, dass die meisten Kaufinteressenten über seine Branche besser Bescheid wussten als er selber. Darüber hinaus gab es keinen einzigen Interessenten, der bereit war, seine Kaufpreisvorstellungen zu akzeptieren. Die Verhandlungen zogen sich über Monate und brachten unseren Unternehmer fasst zur Verzweiflung.
- 2018: Fazit nach einem Jahr Verhandlungen: Es wurde ein Käufer gewunden. Der erhoffe Verkaufserlös erbrachte nur einen Bruchteil dessen, was der Unternehmer einkalkuliert hatte. Ende der Geschichte.

Wenn Sie nun meinen, dies wäre ein extremes Beispiel, dann muss ich Sie leider enttäuschen. Dieses Szenario spiegelt sich in vielen Bilanzen eines kleinen mittelständischen Unternehmers wider. Bei dem einen mehr, bei dem anderen etwas weniger.

Was kann man aus diesem Beispiel lernen?
Aus dieser Schilderung kann man einige Schlüsse ziehen.
- Kleine und mittelständische Unternehmer sind sehr oft Einzelkämpfer, die an ihren Aufgaben wachsen (und teilweise scheitern)
- Neue Aufgaben werden zuerst in Eigenregie umgesetzt und dann erst delegiert
- Kleine und mittelständische Unternehmer denken sozialer als Großkonzerne
- Verantwortung steht vor Profitgier!

Was einen »Leitwolf« und einen Unternehmer verbindet

Diese Unternehmergeneration verkörpert in der Gesellschaft den Mythos eines einsamen und starken Leitwolfes. (Böse Zungen behaupten, dieses Verhalten wäre bei Männern besonders ausgeprägt!).

Ein Leitwolf besitzt – genau wie ein Unternehmer – keine Autonomie! Sobald ein Unternehmer Personalverantwortung übernimmt, übernimmt er auch soziale Verantwortung. Sein selbstbestimmtes Leben findet nur noch in der Theorie statt!

Kommen wir aber zurück zu unserem Leitwolf. Ein Leitwolf macht exakt das, was das Rudel von ihm erwartet, nämlich:
- den höchsten Platz im Revier einnehmen (Chef sein)
- nach Beute Ausschau halten (Aufträge akquirieren)
- das Rudel organisieren (Arbeit verteilen)
- darauf achten, dass jeder von der Beute etwas abbekommt (Mitarbeiter bezahlen)
- und das Rudel beschützen (Verantwortung für Mitarbeiter übernehmen)

Irgendwann passiert vielleicht das, wovor jeder Leitwolf Angst hat. Ein anderer kommt und macht ihm seine Position streitig. Ab dann tickt die Uhr und das Ende ist nach allen Seiten offen. Im ungünstigsten Fall kann aus einem Leitwolf dann ein niedergeschlagener (und vielleicht enttäuschter) Leid-Wolf werden. Seine Position ist er los und das Rudel (Mitarbeiter und Gesellschaft) will mit ihm nichts mehr zu tun haben (wer umgibt sich schon gerne mit Verlierern!).

Diese Metapher, bezogen auf unsere mittelständischen Unternehmer, zeigt eins: Die Unternehmergeneration, die heute mit dem Problem einer Unternehmensnachfolge konfrontiert wird, ist ein Produkt ihrer Zeit und der Gesellschaft.

Das bedeutet:
- Unsere Gesellschaft erwartet ein Leitwolf-Verhalten von einem (kleinen mittelständischen) Unternehmer
- Leistungen aus der Vergangenheit sind wertlos
- Eine Niederlage wird mit Ablehnung bestraft
- Fazit: Der kleine und mittelständische Unternehmer wird geradezu aufgefordert, den Mythos des »einsamen Leitwolfes« aufrechtzuerhalten

Wie absurd diese Situation ist, möchte ich Ihnen anhand eines anderen Beispiels verdeutlichen:
Kein Mensch erwartet von einem Chef-Chirurgen, dass er im Normalfall ...
- sich seine Patienten selber mittels Krankenwagen und Blaulicht von der Straße holt,
- die Narkose eigenhändig einleitet,
- sich selber bei der Operation assistiert,
- den Patienten persönlich in den Aufwachraum fährt
- und dann zu guter Letzt dem Patienten auch noch die »Schüssel unterschiebt«!

Niemand wird so eine Berufsauffassung von einem Chef-Chirurgen erwarten.

Nun kommt die 100.000-Euro-Frage: Was unterscheidet einen Chef-Chirurgen von einem mittelständischen Unternehmer? Solange es unterschiedliche Denkweisen und Ansprüche gibt, solange wird sich an dem Berufsbild und dem Status des mittelständischen Unternehmers nichts ändern beziehungsweise das Problem der Unternehmensnachfolge bleibt so, wie es ist.

Die Politik und die Wirtschaft müssen daher den KMU dieselbe Aufmerksamkeit schenken wie der Großindustrie oder den dreißig Dax-Unternehmen. Denn in der Summe ist viel Klein ein Groß! Diese Tatsache scheint noch nicht bei allen angekommen zu sein! Nach wie vor ist es so: Wenn heute ein Großkonzern andeutet, dass mit erheblichen Entlassungen zu rechnen ist, dann geben sich die Politiker die Klinke in die Hand (Beispiel: Schlecker im März 2012). Bei einem Kleinunternehmer kommt – wenn überhaupt – nur der Insolvenzverwalter.

Die Gefahr, dass die Wirtschaft im Lauf der Jahre ausblutet, wird einfach ignoriert. So wird aus einem ganz persönlichen Nachfolgeproblem des Einzelnen ein gesamtwirtschaftliches Problem für die Allgemeinheit.

Begründung: Mit jedem Unternehmen, das nicht weitergeführt wird, verliert die Wirtschaft ein Stück Kompetenz und damit die viel zitierte Wettbewerbsfähigkeit!

Fazit: Viele mittelständische Unternehmer stellen jeden Tag ihre soziale Verantwortung mehrfach unter Beweis. Dafür gebühren ihnen Respekt und Anerkennung! Die finanzielle Situation hingegen ist fast so wie vor dreißig Jahren und das ist die eigentliche Tragik.

Warum Firmenübergaben scheitern

Wenn man sich diese Frage stellt, gibt es mehrere Begründungen der Ursachenforschung. Insbesondere dann, wenn man als Berater in diesem Bereich tätig ist. Hier ist meine (alte!) Top-5-Liste:
- unrealistische Kaufpreisvorstellungen
- zu große Dominanz des Eigentümers
- mangelhafte Dokumentation aller betriebsrelevanten Unterlagen
- egoistische Kommunikation und Verhandlungsführung
- falsche Vorstellung von der Dauer des Verkaufsprozesses

Im Laufe meiner Beratertätigkeit gab es immer Situationen, in denen ich mit meinem Latein am Ende war. Sicher geglaubte Verkaufsverhandlungen platzten in der letzten Minute. Bei der Analyse kam ich immer zu dem Schluss: Verkäufer oder Käufer haben aus »unerklärlichen« Gründen das Scheitern der Verkaufsverhandlungen zu verantworten. Das ist ja auch die einfachste Erklärung – oder?

Erst die Frage: *Was habe ICH als Berater übersehen oder unterlassen?* **wurde bei mir zu einem zentralen Kerngedanken.**
2007 las ich einen Artikel zu dem Thema Neuromarketing. Dieser Artikel faszinierte mich so sehr, dass ich sofort beschloss, mich mit dieser Materie intensiver zu beschäftigen.

Hinweis: Neuromarketing ist ein Teilgebiet der Neuroökonomie, die Neuro- mit Wirtschaftswissenschaften verknüpft: Es geht dabei im Wesentlichen um die Fragen:
- Wie fällen Menschen Entscheidungen?
- Welche Motive sind bei einer Entscheidung von Relevanz?

- Wer bestimmt unsere Entscheidung, unser Bauchgefühl oder unsere Ratio?

Das Neuromarketing konzentriert sich auf Erkenntnisse aus der Hirnforschung. Es geht im Grunde genommen um die Erkenntnis: Welche emotionalen Sinnesreize rufen welche emotionale Reaktion hervor, um dann eine vermeintlich rationale Entscheidung zu treffen.

Eins vorweg: Wir müssen uns davon verabschieden, dass wir wohlüberlegte und rationale Entscheidungen treffen.

Jede Kaufentscheidung wird zwar rational begründet, dass Kaufmotiv hingegen ist immer emotionaler Natur.

- Fragen Sie z. B. einmal eine Frau, warum sie 47 Paar Schuhe in ihrem Kleiderschrank hat!
- Oder fragen Sie einen 65-Jährigen, warum er sich gerade jetzt eine Harley-Davidson kauft!

Die Antworten, die Sie erhalten, sind etwas für jede Karnevalssitzung, da jeder der befragten Protagonisten eine Erklärung abgibt, die auf den ersten Blick absolut logisch ist.

Das liegt ganz einfach daran, dass unser Gehirn permanent auf der Suche nach „Glücksreizen" ist. Hat unser Gehirn einen „Glücksreiz" gefunden, belohnt es sich mit einer Ausschüttung von „glücksbringenden" Endorphinen!

Das bedeutet im Klartext, dass bei einem Kauf (oder Verkauf) eines Unternehmens, die gleichen Glückshormone verantwortlich sind, wie beim Kauf einer Küchenmaschine!

Die Erkenntnis lautet daher: Wir haben alle einen im »Dachstübchen« sitzen. Oder – Jede rationale Handlung hat immer einen emotionalen Ursprung. Die Tatsache, dass in unserem Dachstübchen ein Untermieter das Sagen hat, wurde damit bestätigt. Aber Spaß beiseite. Der eigentliche Entscheidungsträger in unserem Gehirn ist das sogenannte limbische System, auch Reptiliengehirn genannt. Das limbische System steuert das emotionale Verhalten und damit alle Motive, die uns zu irgendeiner Handlung treiben!

Lange bevor das Großhirn einen Gedanken fasst, hat das limbische System die Situation bereits erkannt und trifft anhand von Referenzerfahrungen eine Entscheidung.

Hier kann das limbische System auf einen Erfahrungsschatz aus 3,5 Milliarden Jahren (!) zurückgreifen. Der Adrenalinausstoß in Stresszuständen ist nur eine Funktionsweise des limbischen Systems. Es schützt uns vor Gefahren, indem es ein Automatik-Programm abspult, das in einem Stresszustand – ohne zu überlegen – mit Angriff, Flucht oder Totstellen reagiert. Neben diesen angeborenen Verhaltensstrukturen tragen persönliche Erfahrungen sowie das soziale Umfeld, in dem wir aufgewachsen sind, zu unserer Entscheidungsfindung bei.

Diese Art von Automatismus hat weitreichende Folgen, insbesondere, wenn es um das Thema Unternehmensnachfolge geht.

Dazu ist es erforderlich, sich mit der Arbeitsweise dieses Systems etwas näher zu befassen. Das limbische System macht im Prinzip nichts anderes, als dass es alle Sinneswahrnehmungen anhand von Referenzerlebnissen (Erfahrungen) abgleicht und dann eine Handlungs-Entscheidung trifft. Ist dem limbischen System eine Situation unbekannt, reagiert es anhand eines Referenzerlebnisses, das so ähnlich schon einmal passiert ist, oder es verfällt in den Zustand von verdrängen und ignorieren. Dass in solch einem Fall nicht jede Entscheidung zum erwünschten Erfolg führt, gehört zu unserer Persönlichkeitsentwicklung.

Erst wenn man eine eigene, negative Erfahrung gemacht hat, besteht die Chance, dass man aus diesem Fehler lernt (Finger-auf-heißer-Herdplatte-Effekt)! Fakt ist aber: Nichts ist so individuell wie das Individuum Mensch. Der eine kapiert's schneller, der andere nie. Diese kurze Einführung in unser Verhalten ist wichtig, weil hier die Erklärung für das Scheitern der meisten Nachfolgeregelungen zu finden ist.

Anhand eines Beispiels möchte ich verdeutlichen, was ich meine.

Ein Unternehmer, nennen wir ihn Herr K., ist Besitzer eines Großhandels für Industriebedarf. Seine im Laufe der Jahre gemachten Erfahrungen spiegeln sich tagtäglich wider. So löst z. B. die Aufnahme einer neuen Produktserie eine nahezu automatisierte Arbeitsweise aus. Alles ist schon hundertmal gemacht worden. Von der Produktaufnahme in das Warenwirtschaftssystem, bis zur Entwicklung einer Marketingstrategie. Alles ist Herrn K. bis ins kleinste Detail bekannt.

Sie können Herrn K. mitten in der Nacht aufwecken, er könnte das gesamte Prozedere inkl. der verantwortlichen Personen benennen, ohne darüber nachzudenken. Und nun schauen wir uns den Prozess einer Unternehmensnachfolge bei Herrn K. an!

Herr K. hat im Laufe seines Lebens noch kein Unternehmen verkauft. Herr K. besitzt demzufolge auch keine Kenntnisse darüber, wie man sich auf diesen Verkaufsprozess vorbereiten muss.

Daraus lässt sich ableiten, dass Herr K. auch nicht weiß, welche Anforderungen an ihn und an seine Firma gestellt werden.

Herr K. greift ausschließlich auf seine bisher gemachten Verkaufserfahrungen zurück, welche aber mit der Durchführung und der Organisation eines Unternehmensverkaufs nichts zu tun haben!

Das Ergebnis: Herr K. geht unvorbereitet in die Verkaufsverhandlungen. Sein Automatik-Programm suggeriert ihm: »Kein

Problem, ich kann das.« Ein weiterer Punkt kommt an dieser Stelle noch erschwerend hinzu: Unser limbisches System entpuppt sich als Saboteur, indem es Herrn K. permanent folgende Botschaft sendet: »Mach jetzt keine Welle, irgendwie kriegen wir das schon hin – und wenn etwas schief geht – dann ist der andere schuld.«

Wie das limbische System unseren Alltag beeinflusst, können Sie an einem weiteren einfachen Beispiel erkennen. Getreu dem Motto: Jeder Mensch ist lernfähig, gehe ich davon aus, dass auch Ihnen schon einmal ein »jetzt reicht es mir« über die Lippen gekommen ist. Jetzt reicht es mir, heißt nichts anderes, als dass es Tage, Wochen, Monate, ja sogar Jahre dauern kann, bis man zu einer anderen Einsicht gelangt ist. Erst wenn die persönliche Schmerzgrenze überschritten wird, neigt man dazu, sein Verhalten zu ändern. Solange hält man an seiner bestehenden Position fest. Nur wenn „ein weiter so" mit mehr Leiden verbunden ist, als eine Meinungsänderung, die mit der Aussicht auf mehr Glück einhergeht, wird sich das Verhalten ändern.

Auf das Thema Unternehmensnachfolge angewendet bedeutet das:

- Viele Unternehmer leiten den Verkaufsprozess ein, indem sie ihren „Kompetenzkreis" verlassen
- Erst wenn der Unternehmer wiederholt feststellt, dass sein Wissen nicht ausreicht, denkt er über Alternativen nach (Kind-ist-in-den- Brunnen-gefallen-Prinzip)

Was ist ein Kompetenzkreis? Ein **Kompetenzkreis** ist das Gebiet, wo man sich zu 100 % auskennt. Jahrelange Erfahrungen, sowohl in positiver als auch in negativer Form, haben dazu geführt, dass man sich den Status eines Experten erarbeitet hat.

Wenn man sich außerhalb seines Kompetenzkreises bewegt, dann existiert nur hoch Halbwissen und ein Scheitern eines neuen Vorhabens ist fast immer vorprogrammiert.

Bis vor Kurzem stand ich kopfschüttelnd vor der Situation, dass manch ein Mandant seinen Urlaub sorgfältiger plante als seine Unternehmensnachfolge.

Heute habe ich Verständnis für dieses Verhalten. Woher soll der Unternehmer es denn auch wissen. Es fehlt ihm einfach an der nötigen Erfahrung. Soweit die Einführung in ein kleines Teilgebiet der Hirnforschung. Im nächste Kapitel wird es dann erst indem wir die einzelnen Phasen einer Unternehmensnachfolge unter die Lupe nehmen.

Kapitel 2

Die Informations-Phase

Und warum wollen Sie Ihre Firma verkaufen?
Die objektive Beurteilung Ihres Verkaufsmotivs ist spielentscheidend für den Verkauf Ihrer Firma.

Nachdem Sie nun wissen, wer bei Ihnen Herr im Haus ist, besteht die nächste Herausforderung darin, dass Sie Ihren wahren Verkaufsgrund schonungslos aufdecken und akzeptieren.

Begründung: Gerade wenn es um das Verkaufsmotiv geht, suggeriert uns das limbische System in den meisten Fällen eine Interpretation, die mit der Realität nichts zu tun hat.

Hier ein Beispiel: Ein Unternehmer gibt als Verkaufsgrund an:
»Ich möchte mich beruflich neu orientieren!«

Bei der ersten Prüfung der Zahlen stellt der Kaufinteressent fest: Die Firma macht kaum Gewinne und der Unternehmer verdient weniger als seine Sekretärin.

Wie kann so etwas passieren? Nun, dieses beschriebene Szenario erlebe ich fast täglich. Auch hier liegt die Ursache in unseren Tiefen des Gehirns verborgen. Neben dem stattfindenden Automatik-Programm läuft noch ein weiteres, über Jahrtausende gerade bei Männern ausgeprägtes Dominanz-Verhalten ab, das nur die eine Botschaft sendet: »*Männer, insbesondere Unternehmer, weinen nicht! – Fehler eingestehen, bedeutet Schwäche zeigen.*«

Dieses von Kindesbeinen an konditionierte Verhalten führt in der Praxis dazu, dass eventuelle Schwachstellen, die den Verkauf verhindern, übersehen werden beziehungsweise vollkommen ignoriert werden! Ich denke, auch dieses Verhalten ist Ihnen irgendwo schon einmal begegnet.

Dass in solch einem Fall die Verkaufsverhandlungen sofort beendet sind, versteht sich von selbst, da auf der Käuferseite die für solch einen Prozess elementaren Voraussetzungen – Vertrauen und Respekt – auf das Empfindlichste gestört sind.

Eins sollten Sie bedenken: Jeder Mensch, demzufolge auch ein Käufer, scheut das Risiko wie der Teufel das Weihwasser. Jede Handlung, wie z. B. eine Verharmlosung der Geschäftslage, wird von einem Käufer analysiert und dann anhand seiner Referenzerfahrungen bewertet. Getreu dem Motto:»Wer einmal lügt, dem glaubt man nicht«, gibt das limbische System dem Käufer innerhalb von Millisekunden den Befehl: Finger weg! Soweit ein weiterer Ausflug in die Psyche des Menschen.

Tipp! Glauben Sie mir: Nichts ist entwaffnender als die Wahrheit! Wenn ein Unternehmer einem Kaufinteressenten eingesteht, dass er in der Vergangenheit aufgrund von Fehleinschätzungen Umsatzeinbußen hinnehmen musste, bleiben das Vertrauen und der Respekt uneingeschränkt erhalten.

Die häufigsten Verkaufsmotive

Jedes individuelle Verkaufsmotiv sollte daher auf sein Risikopotenzial überprüft werden. Diese Risiken zu erkennen, ist nicht immer einfach, da, wie wir ja bereits festgestellt haben, uns unser Unterbewusstsein teilweise einen Streich spielen kann, indem es Realitäten verdrängt oder ignoriert.

Wenn Sie sich dieser Tatsache bewusst sind, sollte es Ihnen bei entsprechender Bereitschaft zur Eigenkritik gelingen, Ihren wahren Verkaufsgrund zu erkennen und zu akzeptieren. Nur so haben Sie die Möglichkeit, Risiken, die einem Käufer während der Verhandlungen sowieso auffallen werden, zu erkennen und gegebenenfalls aus dem Weg zu räumen.

Verkaufsgrund: Aus Altersgründen

Ihr Unternehmen hat einen guten Ruf und ist für die Zukunft gut gerüstet. Es ist aber kein Nachfolger in Sicht.

Bevor Sie nun in den wohlverdienten Ruhestand eintreten, sollten Sie aus Sicherheitsgründen prüfen, ob eventuell ein hier aufgeführtes (Verkaufs-)Problem auf Sie zutreffen könnte!

Mögliches Problem:
- Sie gehören zur Generation 60+ und führen einen Betrieb mit weniger als 5 Mitarbeitern.

Begründung des Problems:
- Der gesamte Geschäftsbetrieb, wie z. B. Kundenakquisition, Kundenpflege sowie Know-how, liegt in Ihren Händen. Kurz und gut, Sie sind das Herz der Firma!

Verkaufsrisiko:
- Benötigt der Käufer eine Bank zur Finanzierung des Kaufpreises, besteht die Gefahr, dass Ihr Alter (60+) und die Verlagerung der Kernkompetenz auf Ihre Person zu hohe Risiken sowohl für den Käufer als auch für die Bank darstellen.

Lösung des Problems:
- Sie leiten Ihre Nachfolge früher ein und verlagern gleichzeitig die Verantwortung auf mehrere Schultern.

Diese Vorgehensweise ist bei einem Ein-Mann/Frau-Unternehmen natürlich nicht möglich und könnte daher den Verkauf erschweren.

Alternativ: Sie finanzieren den Kaufpreis selbst, indem Sie dem Käufer ein Darlehen gewähren (= Kaufpreiszahlung in Raten).

Hier müssen Sie aber die Möglichkeit mit in Betracht ziehen, dass, sollte Ihr Nachfolger zahlungsunfähig werden, Sie auf Ihren offenen Forderungen sitzen bleiben.

Verkaufsgrund: Negativer Geschäftsverlauf
Der Geschäftsverlauf Ihrer Firma hat sich in den letzten Jahren negativ entwickelt.

Das Ganze spitzt sich zu, da zu allem Übel jetzt auch noch ein ernsthaftes Liquiditätsproblem aufgetreten ist. Aktueller Status quo: Ihr Kontokorrentkredit ist ausgereizt und Sie haben kaum noch Luft zum Atmen.

Mögliches Problem:
- Falsche Kaufpreisberechnung. Die Kaufpreisvorstellung erfolgt auf Basis Ihrer Verbindlichkeiten.

Begründung des Problems:
- Wenn die finanzielle wie auch die nervliche Belastungsgrenze überschritten ist, neigt der Unternehmer verständlicherweise zu voreiligen Kurzschlusshandlungen. Man hat nur noch das eine Ziel vor Augen: So schnell wie möglich aus diesem Teufelskreis herauszukommen. Demzufolge werden einfach alle Verbindlichkeiten addiert und diese Summe als Kaufpreis angesetzt.

Verkaufsrisiko:
- Die Realität ist ganz einfach: Ein Unternehmen, dessen Umsätze und Gewinne sich im Sinkflug befinden, ist nur dann zu verkaufen, wenn der Inhaber ein nachhaltiges Zukunftspotenzial aufweisen kann. Ist dies nicht der Fall, sinken die Verkaufschancen unter 5 %. Achtung!
- Wenn Sie Ihre Firma nicht verkauft bekommen, bricht unter Umständen Ihre Altersversorgung vollständig oder teilweise zusammen!

Lösung des Problems:
- Der wichtigste Punkt besteht darin, dass Sie Ruhe bewahren und nach einer Lösung suchen.
- Leider verlieren viele Unternehmer durch die angespannte Situation den Blick fürs Ganze. In solch einem Falle kann

ein neutraler Berater teilweise Wunder bewirken. Wenn alle Tatsachen auf dem Tisch liegen, gibt es vielleicht Wege und Möglichkeiten, wie Sie aus dieser Situation wieder herauskommen.

- Ich habe es sehr häufig erlebt, dass Unternehmer sich ihrer Stärken gar nicht bewusst waren, da das Tagesgeschäft sie vollkommen vereinnahmt hat. Erst eine nüchterne und neutrale Analyse zeigte auf, „dass das Kind zwar im Brunnen sitzt, aber aus eigener Kraft wieder herauskommen kann".

Verkaufsgrund: Liquiditätsprobleme
Sie haben eine tolle Firma, aber „die Kasse ist leer".

Die Wahrheit: Ihnen fehlt es an Liquidität. Kundenanfragen und weitere Expansionsmöglichkeiten können nicht im ausreichenden Maß bearbeitet werden. Eine Anfrage bei Ihrer Bank nach einem Kredit wurde leider abgelehnt. Das war dann wiederum der Auslöser für den Gedanken: »Ich will nicht mehr. Ich verkaufe jetzt meinen Laden.«

Mögliches Problem:
- Einen Käufer oder einen Investor von Ihrer Geschäftsidee überzeugen.

Begründung des Problems:
- Kleine und mittelständische Unternehmer in Deutschland gehören zu den höchstqualifiziertesten Fachleuten weltweit. Geht es aber um die Frage: Welches Potenzial hat meine Firma, fehlt es manch einem Unternehmer an einer neutralen Bewertung.
- Potenzial bemisst sich ja nicht nur alleine darauf, dass man ein gutes Produkt oder eine gute Dienstleistung verkauft, sondern Potenzial bemisst sich auch daran, wie man ein Unternehmen führt! Hier gilt der Satz; Wenn zwei das Gleiche tun, ist das noch lange nicht dasselbe.

- Eins sollten Sie bedenken: Ein Verkauf Ihrer Firma zum jetzigen Zeitpunkt ist in vielen Fällen die schlechteste Lösung. Gehen Sie davon aus, dass Sie Ihre Firma unter Wert verkaufen. Was Ihnen fehlt, ist schlicht und ergreifend ein klarer Kopf und gegebenenfalls frisches Kapital.
- Sie benötigen daher einen Investor/Teilhaber, der sich an Ihrem Unternehmen beteiligen will! Bitte bedenken Sie: Jeder Unternehmer behauptet, dass seine Firma riesiges Potenzial besitzt. Aber nur die wenigsten Unternehmer können dies mit Zahlen untermauern.
- Umsatzsteigerungen von mehreren hundert Prozent – und das innerhalb eines Jahres – sind auf einmal kein Problem mehr! Im Vertrauen: Solche Prognosen werden von potenziellen Interessenten unter der Rubrik »realitätsfremd« abgehakt. Also, bleiben Sie auf dem Boden der Tatsachen – und sollte sich herausstellen, dass Ihre (überzogenen) Prognosen sich doch bewahrheiten, umso besser!

Lösung des Problems:
- Damit Ihr Vorhaben zum Erfolg geführt wird, ist ein Businessplan erforderlich.
- Hier geht es nicht darum, einen Verkaufsprospekt zu erstellen, sondern darum, dass Sie neben den Chancen auch die Risiken aufzeigen.
- Daher ist ein professioneller Businessplan die Eintrittskarte für Verhandlungen und weiterführende Gespräche.

Verkaufsgrund: Stress
Sie haben alles erreicht, was ein Unternehmer erreichen kann.
Ihr Preis: Wenig Freizeit, wenig Familie, wenig Freunde. Mit einfachen Worten: Sie wollen mehr Zeit für sich und für die wesentlichen Dinge im Leben haben!

Mögliches Problem:
- Käufer-Misstrauen

Begründung des Problems:
- In einer erfolgsorientierten Gesellschaft ist es für viele unvorstellbar, dass man sich von etwas trennt, das einem ein so tolles Leben ermöglicht.

Verkaufsrisiko:
- Keinem Unternehmertyp wird mehr Misstrauen entgegengebracht als dem Aussteiger-Typ.
- Jeder vermutet, dass irgendwelche Leichen bei Ihnen im Keller liegen.

Lösung des Problems:
- Offenheit, Transparenz und ein langfristiges Ausstiegsszenario sind hier die Basis. Nur so signalisieren Sie einem Käufer: Vertrau mir! Konkret kann das bedeuten, dass der Käufer mit Ihnen einen Beratervertrag abschließen will, der Sie noch für 1 bis 2 Jahre an das Unternehmen bindet (Übergang von Voll- in Teilzeit!)

Verkaufsgrund: Eine neue Herausforderung suchen.
Sie gehören zu der seltenen Spezies von Unternehmern, die in Serie Firmen gründet, aufbaut und dann wieder verkauft.

Für Sie gelten dieselben Punkte, wie sie unter dem Motiv Stress angegeben werden.

Verkaufsgrund: Krankheit
Hier gibt es keine großartigen Erklärungen. Ihr Gesundheitszustand lässt ein »weiter so« nicht mehr zu.

Der wohlverdiente Ruhestand kann in einem Krankheitsfall sehr schnell zum Albtraum werden. Die Konsequenz: Wenn ein

Klein-Unternehmer krank wird, bedeutet das 100 % Umsatzverlust.

Mögliches Problem:
- Falsches Timing. Sie fangen zu spät mit der Suche nach einem Nachfolger an.

Begründung des Problems:
- Dieses Problem trifft man sehr häufig bei kleineren Betrieben. Hier gilt sehr häufig noch das Prinzip: »Es wird schon wieder. Lass uns den nächsten Monat abwarten.«

Verkaufsrisiko:
- Weil das Thema Krankheit immer mehr in den Vordergrund rückt, stellen sich schleichende Umsatz- und Ertragsverluste ein.
- Am Anfang kaum merklich, hat sich der Wert der Firma nach einigen Monaten nahezu pulverisiert!

Lösung des Problems:
- So einfach wie trivial: Verkaufen Sie Ihre Firma, solange sie noch etwas wert ist! Eine Firma mit sinkenden Umsätzen ist viel schwieriger zu verkaufen als ein Unternehmen mit einer positiven Geschäftsentwicklung!

Für diese Erkenntnis brauchen sie weder ein Abitur noch einen Hochschulabschluss. Die Dringlichkeit wird auch dadurch sehr deutlich, da Sie bedenken müssen, dass der Verkauf Ihrer Firma zwischen 6 und 12 Monate dauern kann! Neben diesen Typ-Beschreibungen gibt es selbstverständlich auch Schicksale, wo mehrere der hier aufgeführten Kriterien zusammentreffen beziehungsweise eine negative Entwicklung ihren Lauf nimmt.

Ein Beispiel: Sinkende Umsätze entwickeln sich zu einem Liquiditätsproblem. Dieses Liquiditäts-Problem führt wiederum zu einer psychischen Belastung, die eine Verschlechterung des Gesundheitszustands zur Folge hat (Schlafstörungen, Konzentrationsschwäche, Kraftlosigkeit). Das Ende vom Lied: Der Unternehmer kann nur noch eingeschränkt seiner Arbeit nachgehen! Eins können Sie mir glauben: Diese Typ-Beschreibung kommt in der Realität öfter vor als Sie es sich vielleicht vorstellen.

Zusammenfassung: In der Praxis kann man folgendes Verhalten feststellen:
Der Entscheidung, jetzt verkaufe ich meine Firma, geht oft ein zu langer (unnötiger) Leidensweg voraus. Dadurch, dass der Unternehmer jeden Verkaufsgrund angibt, nur nicht das wahre Motiv, wird das Vertrauensverhältnis zu einem Kaufinteressenten bei der Aufdeckung des wahren Grundes elementar gestört.

Um es auf den Punkt zu bringen: Bei einem großen Teil der Unternehmer findet eine Art Selbst-Boykott statt. Hervorgerufen wird dieses Verhalten durch das bereits beschriebene »Verdrängen- und Ignorieren-Programm« des limbischen Systems, welches den Befehl ausgibt: »Keine Welle machen, lass alles, wie es ist!« Im Prinzip stehen diese Unternehmer vor dem Problem: Ich will, aber ich kann nicht.

Eine (selbst-)kritische Bestandsaufnahme – vielleicht auch mit professioneller Unterstützung – ist die bessere Alternative, um eine akzeptable Lösung zu finden. Sollten also alle Frühwarnsysteme bei Ihnen versagen, sind die Chancen, einen Käufer zu finden, extrem gering!

Tatsache ist: Dieser Zustand ist keine von Gott vorgegebene Prophezeiung, sondern eine Herausforderung, vor der (fast) jeder Unternehmer einmal in seinem Berufsleben steht. Man darf natürlich nicht verschweigen, dass solche Probleme nur zu lösen sind, indem man eine Baustelle nach der anderen abarbeitet. Der Unternehmer sollte zuerst dafür sorgen, den Dampf aus dem Kessel zu lassen. Dies hört sich einfacher an, als es ist, da hier ein grundsätzliches Umdenken stattfinden muss. Der Unternehmer muss von einer Einstellung „die anderen sind schuld" zu der Einstellung „ich bin mitschuldig" kommen.

Nur wenn diese Einsicht vorhanden ist, besteht die Aussicht, das Ruder eventuell noch einmal herumreißen zu können.

Tipp! Aktuelle negative Finanz- oder Stress-Motive haben im Grunde nichts mit einem Nachfolgeproblem zu tun, sondern mit einem Problem der Unternehmensführung. Daher kann dieses Problem auch nur auf der Ebene der Unternehmensführung gelöst werden. Eine Einleitung des Verkaufsprozesses ist in einem solchen Fall der denkbar ungünstigste Weg und würde die Situation nur noch verschlimmern.

Nachfolgeberater, pro & kontra

Der Verkauf der eigenen Firma ist einer der sensibelsten und komplexesten Geschäftsprozesse, die es gibt. Es gibt nichts Vergleichbares! Daraus lässt sich die Frage ableiten: »Brauche ich einen Firmenmakler oder verkaufe ich meine Firma im Alleingang?« Auch ich stand vor einer Gewissensfrage, allerdings in einem anderen Zusammenhang. Ich stellte mir die Frage: An welcher Stelle soll das Thema Berater innerhalb dieses Buches zur Sprache kommen? Aus strategischer Sicht gehört das Thema »Berater« eigentlich in die Planungsphase.

Da dieses Buch ein Praxisbuch ist, habe ich mir nur einige meiner vielen Gespräche mit Unternehmern ins Gedächtnis zurückgerufen. Und hier zeigt sich ein klares Bild:

Dem Wunsch »Ich verkaufe meine Firma« folgte nahezu zeitgleich der Entschluss »Ich nehme die Unterstützung eines Nachfolgeberaters in Anspruch – oder nicht«.

Das Erstaunliche dabei: Diese Entscheidung wird getroffen, ohne zu wissen, welche Aufgaben von einem Berater oder im Fall eines Verkaufs unter Eigenregie vom Eigentümer selber zu erbringen sind! Kommen wir nun zum eigentlichen Thema.

Nachfolgeberater - ja oder nein?
Es gibt hier, wie nicht anders zu erwarten, eine Pro- und eine Kontra-Firmenmakler-Fraktion. Die Kontra-Fraktion führt ein Hauptargument ins Feld:
- Ich will keine Provision zahlen!
- Das Hauptargument der Pro-Fraktion ist hingegen:
- Mir fehlt die Erfahrung. Man verkauft ja nicht jeden Tag seine Firma!

Obwohl beide Unternehmergruppen dasselbe Ziel verfolgen – den Verkauf ihrer Firma – geht jede Gruppe unterschiedliche Risiken ein, die in den meisten Fällen aus Unkenntnis heraus erfolgen und damit vermeidbar sind.

Bei keinem anderen Geschäftsprozess sind so viele unterschiedliche Faktoren und Interessengruppen (Verkäufer, Käufer, Steuerberater, Banker, Kunden, Lieferanten usw.) beteiligt.

Des Weiteren findet man die landläufige Denkweise, dass der Käufer aus rein rationalen Gründen eine Firma kauft. Tatsache ist: Die Entscheidung, eine Firma zu kaufen, ist, wie wir wissen, zu 90 % bauchgesteuert! Geld spielt eine untergeordnete Rolle.

Entweder der Käufer hat das Geld oder nicht, so einfach ist das! Ein potenzieller Käufer erfüllt sich mit dem Kauf einer Firma einen Traum, der rein emotionale Motive hat, die er aber rational begründet.

Das Leistungspaket eines Nachfolgeberaters

Damit Sie als Unternehmer einen groben Überblick darüber bekommen, welche Anforderungen und Leistungen im Zuge einer Nachfolgeregelung von einem professionellen Firmenmakler – oder von Ihnen selber – erbracht werden müssen, finden Sie hier eine Auflistung der wichtigsten Punkte:

Stichwort: Unternehmenswert

Ein professioneller Berater errechnet anhand der Bilanz- und Unternehmenskennzahlen, einen Preiskorridor. Gleichzeitig kann er eine Beurteilung darüber abgeben, ob das Unternehmen ein nachhaltiges Zukunftspotenzial besitzt.

Stichwort: Nachfolge-Stresstest

Die Aufgabe eines Beraters liegt darin, Risiken vor der Einleitung des Verkaufsprozesses aufzudecken. Begründung: Ein theoretisch hoher Firmenwert pulverisiert sich sofort, wenn das zu verkaufende Unternehmen für den Käufer zu große Risiken birgt.

Stichwort: Risikoeinschätzung
Basierend auf einem „Nachfolge-Stresstest" werden die Risiken bewertet. Hieraus ergibt sich dann ein Status-quo-Bericht, der an ein Zeitfenster gekoppelt ist.

Dieser Status-quo-Bericht gibt dem Unternehmer Klarheit darüber, wann und unter welchen Umständen der Verkauf der Firma eingeleitet werden kann. Ein Beispiel: Wenn z. B. die Abhängigkeit von einem Kunden zu erkennen ist (Umsatz mehr als 50 %), dann stellt dies ein zu großes Risiko für den Käufer dar. Ein weiteres Beispiel: Das Know-how der Firma liegt bei einer einzigen Person im Unternehmen. Auch dieser Punkt kann, je nach Branche, als Risikofaktor gewertet werden.

Stichwort: Firmenpräsentation
Die nächste Aufgabe besteht darin, die gewonnenen Daten und Fakten in ein aussagefähiges Exposé zu übertragen. Neben dem Blick in die Historie der Firma erhält der Kaufinteressent eine Einschätzung der Zukunfts- und Innovationsfähigkeit des Unternehmens. Entscheidend ist hier, dass alle Aussagen durch Fakten belegt werden. Insbesondere die Vorschau der zukünftigen Umsatzzahlen muss sich an der Realität orientieren.

Wenn auch nur eine Umsatz- oder Ertragszahl innerhalb der Prognose am Ende des Tages nicht haltbar ist, verliert das ganze Exposé – und damit auch die Firma – an Wert!

Stichwort: Käuferdatenbank
Ein Nachfolgeberater verfügt in der Regel über ein großes Portfolio von Kaufinteressenten und Investoren.

Stichwort: Akquisition von Kaufinteressenten
Ein professionell arbeitender Berater leitet alle nötigen Schritte zur Generierung von Kaufinteressenten ein.

Stichwort: Anonymität
Aufgrund der Tatsache, dass Gerüchte sich schneller verbreiten als eine Grippewelle, hat die Bewahrung der Anonymität des Mandanten oberste Priorität für einen Berater.

Stichwort: Qualifikation von Kaufinteressenten
Die Erfahrung zeigt: 75 % aller Anfragen sind unqualifiziert oder es sind Anfragen von Mitbewerbern, die im Grund nur wissen wollen, »wer da seinen Laden verkaufen will«. Ein guter Berater wird Ihnen daher nur die Kaufinteressenten vorstellen, bei denen sowohl die Qualifikation als auch die Bonität geklärt ist!

Stichwort: Bilanz-Transparenz
Bilanzen werden nicht erstellt, um Steuern zu zahlen! Diese, nennen wir es „Ich-rechne-mich-arm-Philosophie", ist bei vielen Unternehmern sehr stark verbreitet. Ich gehe sogar noch einen Schritt weiter: Bei der Suche nach Steuerschlupflöchern entwickelt manch ein Unternehmer den Ehrgeiz, als ginge es um eine Olympiaqualifikation.

Fakt ist: Im Fall eines Firmenverkaufs wirkt sich diese Philosophie negativ aus, da der Gewinn »künstlich« nach unten gerechnet wurde. Unter diesem Aspekt erkennt man die Notwendigkeit, dass ein Firmenmakler die Unternehmenszahlen (BWA, Bilanzen) so transparent machen muss, dass ein Käufer auf Anhieb erkennt, welche echten Gewinne die Firma erzielt. Dafür sind profunde Kenntnisse der Bilanzanalyse und Bilanzbewertung notwendig.

Stichwort: Verhandlungsvorbereitung
Eine der Hauptaufgaben eines Firmenmaklers besteht in der pro-

fessionellen Verhandlungsvorbereitung und Verhandlungsführung. Aufgrund der vollkommen unterschiedlichen Interesseslagen liegt hier ein permanentes Konfliktpotenzial vor. Oftmals reicht schon eine falsche Betonung oder ein etwas flapsiger Kommentar von einem der Gesprächspartner – und schon sind die Verhandlungen beendet.

Quintessenz: Das eigene Ego schießt hier so manches Eigentor und zeigt eindeutig die emotionale Brisanz auf.

Neben den emotionalen Empfindlichkeiten sind es gerade die falschen Sätze zur falschen Zeit, die immer wieder zum Abbruch der Verhandlungen führen.

Ein Beispiel: Auf die Frage: »Können Sie 14 Tage ohne Bedenken in Urlaub fahren?«, erhalten Sie je nach Unternehmertyp zwei unterschiedliche Antworten. »Ja – ich kann« oder »nein – das geht nicht«. Der Nein-Typ ist der klassische Unternehmer mit einer Portion falsch verstandenem Selbstbewusstsein, der meint, ohne ihn läuft in seinem Unternehmen gar nichts. Exakt diese Botschaft kommt auch bei einem Kaufinteressenten an! Aus Sicht des Kaufinteressenten ist ein »NEIN« ein Indikator dafür, dass der Inhaber versäumt hat, Verantwortungen in seinem Unternehmen zu verteilen. (Ein-Personen-Firmen sind hier natürlich ausgenommen.) Fazit: Für den Kaufinteressenten bedeutet ein NEIN daher: NEIN DANKE, ich will dein Unternehmen nicht! Sie sehen, wie einfach es ist, Verhandlungen in kürzester Zeit zu beenden!

Hier wird deutlich, welche Aufgabe ein Berater hat: Neben der Aufbereitung aller relevanten Unterlagen, dient er als Puffer und Übersetzer zwischen den Parteien.

Der (professionelle) Berater greift in das Gespräch ein, wenn er erkennt, dass die Parteien zwar von derselben Sache reden, aber aufgrund individueller Motive zu unterschiedlichen Erkenntnissen kommen. Das Ziel ist demzufolge, die Verkaufsverhandlungen so zu führen, dass es erst gar nicht zu Fehlinterpretationen kommt! Um diese Aufgabe professionell erfüllen zu können, muss der Firmenmakler neben profunden Kenntnissen im Bereich der Finanzkennzahlen ein hohes Maß an Menschenkenntnis und sozialer Kompetenz besitzen. Ein Gespür für Konfliktsituationen und Menschen muss sich ein Berater in jahrelangem Training erarbeiten.

Ein Firmenverkauf ist nur dann erfolgreich, wenn alle individuellen Anforderungen und Erwartungen der jeweiligen Partei (Käufer und Verkäufer) erfüllt werden. Die Betonung liegt hier eindeutig auf alle Anforderungen, Leistungen und Erwartungen.

Jeder Unternehmer muss einkalkulieren, dass der Faktor Mensch die große Unbekannte ist.
Der Nährboden für ein ungutes Gefühl – vonseiten eines Kaufinteressenten – ist immer auf eine mangelhafte Kommunikation zurückzuführen.

Dabei ist es unerheblich, ob der Fehler in der Kommunikation auf einer rationalen Ebene – z. B. durch unvollständige oder fehlende Unterlagen – oder auf einer emotionalen Ebene – z. B. durch zwischenmenschliche Unstimmigkeit zwischen Verkäufer und Käufer – wahrgenommen wird.

Die Praxis zeigt: Hat ein Käufer ein ungutes Gefühl, bricht er die Verhandlungen in neun von zehn Fällen ab.

Was unterscheidet einen seriösen von einem unseriösen Firmenmakler?
Welche Unterscheidungsmerkmale gibt es zwischen einem seriösen und einem unseriösen Firmenmakler? Die Unterscheidung ist deshalb wichtig, weil diese Identifizierung Ihnen nicht nur Zeit, sondern auch eine Menge Ärger und Geld erspart.

Der unseriöse Firmenmakler
Nepper, Schlepper, Bauernfänger! Einen unseriösen Firmenmakler erkennen Sie an folgender
Die Arbeitsweise:
- Sie erhalten ein (Massen-)Anschreiben, in dem der Versender behauptet, dass er einen Kaufinteressenten für Ihre Firma hat!
- Der Berater drängt Sie schon beim ersten Besuch zu einem Vertrag!
- Der Vertrag verpflichtet Sie zu pauschalen monatlichen Zahlungen!
- Der Vertrag enthält keine exakte Leistungsbeschreibung, wofür die Zahlungen zu erbringen sind!
- Der Berater ist in den seltensten Fällen in der Lage, eine Bilanz richtig zu interpretieren!
- In der Abschlussphase hält Ihnen der Berater penetrant seinen Kugelschreiber unter die Nase und drängt Sie zu einer Unterschrift des Vertrages. Auf Einwände wird, wenn überhaupt, kaum eingegangen!
- Die Erfolgsquote, gemessen an der Anzahl der betreuten Unternehmen, liegt unter 3 %! Tipp: Lassen Sie sich gegebenenfalls nachweisbare Referenzen benennen!

Zusammenfassend: Das Ziel dieses Firmenmakler-Typs: Ihre Unterschrift unter einem Dienstleistungs- oder Servicevertrag, der Sie zur Zahlung von monatlichen Gebühren verpflichtet. Ein Verkauf Ihrer Firma ist zweitrangig.

Tipp! Wenn ein Berater Sie beim ersten Besuch zu einem Vertrag drängt, schmeißen Sie ihn raus!

Eine von mir durchgeführte Untersuchung hat ergeben, dass bei den Unternehmen, die wirtschaftliche Probleme haben, diese Makler besonders erfolgreich sind.

Dies liegt in der Tatsache begründet, dass hier die Notlage der Unternehmen dahingehend ausgenutzt wird, dass man dem Unternehmer einen »Verkauf innerhalb kürzester Zeit« verspricht. Dieses Versprechen wiederum führt dazu, dass viele Unternehmer alle Sicherheitsbedenken über Bord werfen, da die Aussicht – alles wird gut – zu verlockend ist.

Auch hier spielt unser Gehirn eine entscheidende, aber manipulierende Rolle, weil die Aussicht auf den Verkauf der eigenen Firma wiederum zu einer Ausschüttung von Endorphinen führt (Glückshormone)!

Wichtige Info zum Thema TÜV-Zertifizierung

Eine TÜV-Zertifizierung sagt nur eins aus: Der Ablauf von bestimmten, administrativen und organisatorischen Vorgängen ist gewährleistet. Hier kann man zumindest ableiten, dass dieses Unternehmen im Bereich Organisation professionell arbeiten wird. Eine Aussage über die Seriosität eines Unternehmens kann von einer TÜV-Zertifizierung nicht abgeleitet werden!

Unsere Empfehlung: Vorsicht, Augen und Ohren auf und seien Sie kritisch! Ein (ehemaliges) M & A Unternehmen hatte zwei Kriterien, auf die es sich berufen konnte:
- eine TÜV-Zertifizierung
- und einen schlechten Ruf, der diesem Unternehmen letztlich zum Verhängnis wurde (ZDF, WISO-Sendung, Statement der IHK Frankfurt, Internet-Foren).

Der seriöse Firmenmakler

Ein seriöser Firmenmakler zeichnet sich durch eine transparente und Informationen vermittelnde Arbeitsweise aus. Dies erkennt man daran, dass der Berater sich im ersten Gespräch ein umfassendes Bild von dem zu verkaufenden Unternehmen und dem Eigentümer verschafft.

Die Arbeitsweise:

- Der Berater wird im ersten Schritt die Veräußerbarkeit der Firma anhand der wirtschaftlichen Kennzahlen und einer Einschätzung des Zukunftspotenzials prüfen.

- Der Berater deckt mögliche Risiken auf und macht den Inhaber auf diese Risiken aufmerksam!

- Der Berater sagt, welches Honorar er im Erfolgsfall verlangen wird und legt einen Mustervertrag zur Einsicht vor.

- Ein seriöser Berater berechnet keine pauschalen Gebühren ohne Gegenleistung!

Nur wenn diese Punkte geklärt sind, ist für einen seriösen Firmenmakler eine Zusammenarbeit überhaupt sinnvoll.

Provision und Honorar

Der Punkt Vertrauensverhältnis zwischen Berater und Verkäufer ist ein entscheidendes Erfolgskriterium. Hier entsteht sehr häufig ein persönlicher Zwiespalt zwischen dem emotionalen Bauchgefühl des Unternehmers – »Kann ich diesem Berater vertrauen?« – und dem rationalen Denken, das in einigen Fällen nach der Prämisse arbeitet: »Welcher Berater ist der billigste?« Diese Denkweise ist ja in unserem Kulturkreis nicht verwerflich, zumal: Wer zahlt schon gerne mehr als unbedingt nötig?

Die Entscheidung, welcher Firmenmakler der Richtige ist, ist daher auch mit der Frage verbunden: Welche unterschiedlichen Provisions- und Leistungsmodelle gibt es überhaupt?

Auch hier ist es weniger kompliziert, als man auf den ersten Blick vermuten kann. Hier ein Überblick über die verschiedenen Modelle.

Modell: Provision zuzüglich Honorarzahlungen für erbrachte Leistungen

Neben einer Erfolgsprovision werden erbrachte Leistungen gesondert in Rechnung gestellt. Am häufigsten werden folgende Leistungen abgerechnet:
- Erstellung eines Gutachtens oder eines Exposé
- Akquisitionskosten
- Tagesspesen (z. B. Qualifikation eines Kaufinteressenten, Leitung der Verkaufsverhandlungen)

Die Kosten hier sind sehr unterschiedlich. Hier kann ich nur jedem empfehlen, sich entsprechende Angebote einzuholen!

Modell: Provision zuzüglich einer monatlich zu zahlenden Servicepauschale

Es gibt nach wie vor Nachfolgeberater, deren Geschäftsmodell darin besteht, monatliche, fest vereinbarte Servicepauschalen zu berechnen. In dem Fall kann ich nur dazu raten, dass sie sich die Vertragsbedingungen ganz genau anschauen.

Modell: Honorar auf reiner Erfolgsbasis

Hier übernimmt der Firmenmakler alle Kosten, die im Zusammenhang mit einem Firmenverkauf aufkommen – auf eigene Rechnung und auf eigenes Risiko.

Dieses Modell wird immer weniger angeboten, da es in der Vergangenheit immer besonders »kluge Unternehmer« gegeben hat, die einfach nur einmal »austesten wollten, wie die Marktlage ist«. Dies hatte dann zur Folge, dass der Berater auf seinen Kosten sitzen geblieben ist.

Mittlerweile gibt es eine Mischform dieser beiden Honoraroptionen. In dem Fall bieten einige Berater im Erfolgsfall eine Rückerstattung der bereits gezahlten Leistungshonorare an, was letztendlich einer Zusammenarbeit auf reiner Erfolgsbasis schon sehr nahe kommt.

Hier eine kleine Entscheidungshilfe
Möglichkeit 1: Sie verkaufen Ihre Firma im Alleingang
Mögliche Risikofaktoren:
- Sie verlieren Ihre Anonymität.
- Sie finden keinen qualifizierten Käufer.
- Die Kaufverhandlungen werden nicht strukturiert geführt und scheitern.
- Ihre Altersversorgung ist eventuell gefährdet (Für den Fall, dass Sie den Verkaufserlös fest mit in Ihre Altersversorgung eingeplant haben, kann es zu einer Versorgungslücke kommen.).

Die Entscheidung ist dann zu befürworten, wenn Sie folgende Fragen mit »JA« beantworten können:
- Sie sind in der Lage, alle Anforderungen selber zu erbringen beziehungsweise die Anforderungen sind für Ihr Unternehmen nicht von Relevanz.
- Sie sind – im besten Fall – auf den Verkaufserlös nicht angewiesen.

Die Entscheidung pro oder kontra Firmenmakler ist mit sehr vielen Fragen verbunden. Von daher muss jeder Unternehmer sich die Frage stellen: Traue ich es mir zu, dieses komplexe Thema im Alleingang anzugehen, bzw., nein, ich hole mir professionelle Hilfe. **Entscheidend ist am Ende des Tages nicht „was kostet's", sondern „was bringt's".**

Wenn ein Gerücht sich verbreitet – oder – wie wichtig ist mir die Bewahrung meiner Anonymität?

Diese Frage ist von zentraler Bedeutung, weil die wenigsten Unternehmer/-innen wissen, welche Auswirkungen eine Aufhebung der Anonymität zur Folge haben kann.

Bevor wir uns daher mit den organisatorischen und strategischen Schritten einer Unternehmensnachfolge beschäftigen, möchte ich Sie noch einmal auf den Punkt »Anonymität« hinweisen. Bei meinen Befragungen kommt eins immer ganz deutlich zum Ausdruck:

- 90 % der Unternehmer möchten, dass ihre Anonymität während des Verkaufsprozesses bewahrt bleibt.

- Es bestehen aber keine Vorstellungen über die möglichen Konsequenzen, die mit dem Aufheben der Anonymität verbunden sind.

- Die Notwendigkeit dieser Maßnahmen und die damit verbundenen Konsequenzen sind sehr vielfältig.

Ich möchte Ihnen nur einige Beispiele aus der Praxis aufzeigen.

Beispiel 1: Ihre Mitarbeiter oder Mitbewerber erfahren, dass Sie Ihre Firma verkaufen wollen.
Jede Veränderung innerhalb Ihrer Firma ist ein Risikofaktor für Ihre Mitarbeiter. So stellen sie sich z. B. die Fragen: »Werde ich übernommen?« oder »Komme ich mit dem neuen Inhaber klar?« Gehen Sie davon aus, dass Sie innerhalb kürzester Zeit einige Kündigungen auf Ihrem Schreibtisch liegen haben, und zwar von Ihren besten Mitarbeitern!

Sollte ein Mitbewerber davon Wind bekommen, dass Sie verkaufen wollen, sollten Sie einkalkulieren, dass Ihre besten Mitarbeiter abgeworben werden! Die Konsequenz: Sie können die vorhandenen Aufträge nicht mehr termingerecht abarbeiten.

Bitte unterliegen Sie nicht dem Trugschluss, dass Sie Ihre noch an Bord befindlichen Mitarbeiter motivieren können. Dieser Zug ist abgefahren. Ihre Mitarbeiter sind unmotiviert und damit ist der erste Sargnagel für Ihr Unternehmen schon geschmiedet.

Dieses Szenario endet in vielen Fällen mit einem erheblichen Umsatzrückgang, der nur selten kurzfristig wieder aufgefangen werden kann. Erschwerend kommt noch hinzu, da gerade im Bereich des Handwerks ein absoluter Facharbeitermangel vorliegt. Dies führt heute schon zu ganz abstrusen Abwerbungspraktiken die im Falle eines Firmenverkaufs noch aggressiver werden.

Beispiel 2: Ihre Kunden erfahren, dass Sie verkaufen wollen.
Hierzu bedarf es keiner allzu großen Fantasie, um sich vorstellen zu können, was Ihre treuen Kunden nun machen werden. Richtig geraten: Ihre treuen Kunden werden sich schnell nach einem anderen Geschäftspartner umschauen. Die Konsequenz ist – was die Umsatzentwicklung betrifft – identisch mit Beispiel 1.

Beispiel 3: Ihr Lieferant erfährt, dass Sie verkaufen wollen.
Sollten Sie bei Ihrem Lieferanten etwas im Zahlungsverzug sein, können Sie davon ausgehen, dass Ihnen dieses Entgegenkommen nicht weiter gewährt wird. Im Gegenteil: Man wird Sie auffordern, unverzüglich für den Ausgleich der offenen Rechnungen zu sorgen. Dass dies Ihre eventuell schon angespannte finanzielle Situation noch weiter verschärft, sei nur am Rande erwähnt.

Die Liste dieser negativen Beispiele ließe sich noch weiter fortführen. Ich denke aber, dass Ihnen klargeworden ist, was es bedeutet, wenn Sie Ihre Anonymität verlieren. Bei einigen Firmen ändert sich der Status quo während der Verkaufsverhandlungen von gut aufgestellt hin zu Hilfe, ich bin ein Sanierungsfall – und das nur, weil die Gerüchteküche das Unternehmen erfasst hat.

Natürlich könnten Sie in dem Moment, indem Sie darauf angesprochen werden »Ich habe gehört, du willst deinen Laden verkaufen«, das Ganze als Gerücht abtun. Ich gebe aber zu bedenken, dass Sie in dem Fall etwas sehr Wichtiges verlieren könnten: ihr Gesicht!

Wenn Sie glauben, das sei zu schwarzgemalt, dann sollten Sie die Tatsache berücksichtigen, dass die Wirtschaft zu 50 % aus Real-Geschäft und zu 50 % aus Bauchgefühl (Emotionen) besteht. Fallende Aktienkurse, weil die Märkte ein unsicheres Gefühl haben, sind ein eindeutiges Indiz dafür.

Man kann es auch in einem Satz zusammenfassen: Gerüchte, insbesondere über Firmenschließungen, verbreiten sich wie eine Grippewelle!

Also, was ist zu tun?

Nur wenn sichergestellt ist, dass es zu einer Übergabe kommt, schenken Sie allen Beteiligten reinen Wein ein. Hier sollten Sie – auch wenn es nicht Ihrem gewohnten Verhalten entspricht – eine egoistische Denkweise an den Tag legen. Halten Sie sich einfach vor Augen, dass Ihnen Ihr Hemd wichtiger sein sollte als die Jacke Ihres Gegenübers.

Tipp! Es gibt keine Verkaufsgarantie! Jeder Unternehmer muss einkalkulieren, dass seine Verkaufsbemühungen ins Leere laufen. Daraus leitet sich die Regel ab: Sorge dafür, dass der Geschäftsbetrieb unverändert weiterläuft!

Ist meine Firma übernahmewürdig?

Die Übernahme eines kleinen mittelständischen Unternehmens erfolgt nahezu zu 100 % wegen »Eigenbedarf« des Käufers. Dies bringt schon das Käuferklientel mit sich. Als Käufer kommen in der Regel Wettbewerber oder Existenzgründer infrage.

Mittlereise kommen auch Investoren und Beteiligungsgesellschaften für KMU´s infrage. Die Mindestanforderungen sind aber fast immer ein zweistelligen Millionenumsatz oder ein Gewinn (EBIT) von min. 500.000 €

Unabhängig davon kann man feststellen, dass sich die Bewertungs- bzw. Übernahmekriterien nahezu um 180° gedreht haben. Reichte es bis vor wenigen Jahren noch aus, einen positiven Gewinn auszuweisen, sind heute die Ansprüche der Käufer an das übernehmende Unternehmen um ein Vielfaches gestiegen.

Die K.-o.-Frage lautet heute: „Kann das Unternehmen mittel- bis langfristig seine vorhandene Marktposition halten bzw. noch weiter ausbauen?"

In einem Wort zusammengefasst geht es hier einzig und allein um den Punkt: Zukunftspotenzial. Dabei spielt es überhaupt keine Rolle, ob es sich um eine „One-Man-Show" oder um ein Industrieunternehmen mit mehreren 100 Mitarbeitern handelt. Jedes Unternehmen wird im ersten Schritt an seiner Zukunftsfähigkeit bemessen und bewertet.

Wenn man sich den Markt in vielen Bereichen und Branchen anschaut, kann man feststellen, dass, wie überall im Leben, eine Medaille zwei Seiten hat. Zum einen gibt es Firmen, die vorhersehbare Entwicklungen verschlafen haben. Dies hat zur Folge, dass viele Geschäftsmodelle in den nächsten Jahren vom Markt verschwinden werden. Beispielsweise konnten vor wenigen Jahren Videotheken noch Gewinne einstreichen. Heute ist dieses Geschäftskonzept nahezu vom Markt verschwunden ist.

Das Gleiche gilt auch für viele kleine und mittelgroße Elektronik- und PC-Shops. Hier hat das Internet mit einer permanenten Verfügbarkeit und einer 100-prozentigen Preistransparenz seit Jahren einen neuen Markt geschaffen, der sich immer weiter expansiv entwickelt.

Auf der anderen Seite der Medaille gibt es aber auch Unternehmen, die aufgrund ihrer Flexibilität und ihrer Anpassungsfähigkeit, ihr bestehendes Geschäftskonzept an die heutigen Verbraucheransprüche angepasst haben. Diese Unternehmen kann man eindeutig als Gewinner bezeichnen, da sie die Zeichen der Zeit erkannt haben.

Aus dieser Situation heraus ist es nur allzu verständlich, dass sich der Markt für Unternehmensverkäufe zu einem Käufermarkt entwickelt hat, der von Angebot und Nachfrage geprägt ist. Dies wiederum führt dazu, dass Unternehmen nicht nur nach ihren wirtschaftlichen Kennzahlen bewertet werden, sondern auch Kriterien mit in die Bewertung einfließen, die man allgemein als Soft Skills bezeichnet.

Welche Möglichkeiten sich hieraus ergeben, kann man daran erkennen, wie Start-up-Unternehmen teilweise bewertet werden. Hier erfahren Unternehmen, die überhaupt noch keine nennenswerten Umsätze erzielt haben, eine Bewertung, die auf eine reine Zukunftsprognose aufbaut.

Was ist meine Firma wert?

Diese Frage treibt nahezu jeden Firmeninhaber um, der sich mit dem Thema Unternehmensnachfolge beschäftigt.

Die Vielzahl der Bewertungsmethoden würde den Rahmen dieses Ratgebers sprengen. Hierzu gibt es einschlägige Fachliteratur. Fakt ist aber, dass sich aus der Vielzahl der Bewertungsmethoden nur wenige für kleine mittelständische Unternehmen anwenden lassen.

Die beiden gebräuchlichsten Bewertungsmethoden sind:
- Das Ebit-Multiple-Verfahren
- Das Substanzwertverfahren

Wichtig! Wenn man einen Firmenwert – speziell bei kleinen mittelständischen Unternehmen – nur anhand der wirtschaftlichen Kennzahlen vornimmt, dann erhält man einen rein mathematischen und damit theoretischen Firmenwert. Dieser theoretische Firmenwert sagt über die Verkaufbarkeit des Unternehmens nichts aus! Unabhängig davon erkläre ich Ihnen anhand eines Beispiels, wie ein (theoretischer) Firmenwert ermittelt wird.

Die Grundlage hierfür ist ein sogenanntes Ebit-Multiple-Verfahren. Bei einem Ebit-Multiple-Verfahren werden die Gewinne der letzten drei Jahre und die Gewinne der nächsten zwei Jahre als Berechnungsgrundlage herangezogen.

Hierbei geht es schlicht und ergreifend nur um die Position: Gewinn Ihrer Firma vor Zinsen und Steuern. In der Bilanz ist das die Position innerhalb der G & V -> Ergebnis des gewöhnlichen Geschäftsergebnisses. In der BWA ist das die Position -> Betriebsergebnis.

Im nächsten Schritt werden dann die Gewinnzahlen addiert und durch die Anzahl der Jahre dividiert. Die errechnete Quersumme wird dann mit einem branchenspezifischen Hebel multipliziert. Der Hebel für KMU liegt zwischen 3 und 5

Wichtig! Bevor man die Gewinnzahlen vor Zinsen und Steuern in eine Berechnungsmatrix einfügt, sollte man eine sogenannte Bilanzbereinigung vornehmen. Eine Bilanzbereinigung ist nichts anderes, als dass man alle Kosten, die für den neuen Inhaber nicht anfallen, dem Gewinn hinzuaddiert (Kaufpreiserhöhung). Das kann zum Beispiel ein Firmenwagen sein, der überwiegend privat genutzt wurde.

Im Gegenzug müssen natürlich alle Kosten, die für den neuen Inhaber zusätzlich anfallen, vom Gewinn abgezogen werden (Kaufpreisminderung).

Hier fallen zum Beispiel Mietkosten drunter, wenn der Inhaber in seiner eigenen Immobilie gearbeitet hat und keine Miete zahlen musste. Bei einem Verkauf des Unternehmens kommen dann auf den neuen Inhaber entsprechende Mietkosten zu.

Hier ein Beispiel:
Ausgewiesener Gewinn vor Zinsen und Steuern:

Jahr	2014	2015	2016	2017	2018
EBIT	78.000	85.000	86.000	90.000	92.000

Summe gesamt:	431.000
EBIT pro Jahr im Durchschnitt	86.200
+ zuzüglich zweiter Firmenwagen	+ 5.300
Zwischensumme:	91.500
- abzüglich Mietkosten	- 12.000
Bereinigtes Ergebnis:	79.500
Firmenwert bei einem Hebel x 4 (theoretisch)	318.000

Als letzter Punkt spielt die Gesellschaftsform eine entscheidende Rolle. Handelt es sich um eine Einzelunternehmung, dazu gehört auch eine GBR, OHG oder KG, muss von dem Firmenwert noch ein branchenübliches Jahresgehalt für einen Geschäftsführer berücksichtigt und in Abzug gebracht werden.

Bei einer Kapitalgesellschaft (GmbH oder AG) wird das in der Bilanz ausgewiesene Geschäftsführergehalt in Relation zu einem branchenüblichen Gehalt gestellt. Die Differenz des Gehaltes wird dann dem Firmenwert entweder hinzuaddiert oder abgezogen.

Bei dieser Bewertungsmethode, werden weder das Anlagevermögen noch irgendwelche immateriellen Firmenwerte (Knowhow, Kundenstamm oder Name/Ruf des Unternehmens) berücksichtigt. Das Ebit-Multiple-Verfahren wird sehr gerne von Banken zur Bewertung herangezogen, da dies eine einfache Methode ist, um eine Rückführung eines Krediteserprüfen für den Käufer zu berechnen.

Eine weitere sehr gerne angewendete Methode ist das sogenannte Substanzwertverfahren.
Unter einem Substanzwertverfahren versteht man die Ermittlung eines Unternehmenswertes anhand der vorhandenen Substanz wie z. B. Anlagevermögen, Inventar, Warenbestand und Immobilien. Hier muss man der Ordnung halber darauf aufmerksam machen, dass dieses Verfahren im Grunde genommen nur ein Ausverkauf des Anlagevermögens und des Warenbestandes ist. Ein Wert, bezogen auf vergangene oder zukünftige Umsätze und Gewinne, findet hier keine Berücksichtigung!

In der Regel findet mittlerweile eine Kombination zwischen einem Ebit-Multiple-Verfahren und einem Substanzwertverfahren statt, d. h., dass bei einem Unternehmen mit hohem Anlagen- oder Warenbestand (Maschinenbau oder Handelsunternehmen) entsprechende Werte berücksichtigt werden und mit in die Kaufpreisfindung einfließen. Unabhängig davon ist, wie bereits mehrfach erwähnt, eine entsprechende positive Zukunftsfähigkeit des Unternehmens die Grundvoraussetzung für einen Verkauf.

Zahlungsmethoden

Der Wunschtraum eines jeden Unternehmers ist natürlich, dass er den Kaufpreis in einer Summe erhält. Das ist auch bei den meisten Unternehmensverkäufen der Fall. Aber, wie Sie sich schon denken können, gibt es natürlich auch Ausnahmen, die ich Ihnen hier im Einzelnen vorstellen möchte.

1. Alternative: Der Kaufpreis wird an festgelegte Umsatzzahlen gekoppelt.
Unter diese Überschrift fallen alle Unternehmen, denen es z. B. gelingt, ein glaubhaftes und innovatives Übernahmekonzept auf den Tisch zu legen. Dieses Konzept muss dem Kaufinteressenten in Form eines Zukunftskonzeptes (Businessplan) vorgelegt werden.

Entscheidend ist eine realistische Einschätzung, die durch Fakten wie z. B. durch eine Markt- oder Wettbewerbsanalyse untermauert wird. Des Weiteren muss die Bereitschaft des Verkäufers vorhanden sein, dieses Konzept noch für einen bestimmten Zeitraum zu begleiten.

Die Zahlungsmodalitäten sehen in vielen Fällen so aus, dass der Verkäufer einen Teilbetrag des Kaufpreises bei Vertragsunterzeichnung erhält und weitere Zahlungen an festgelegte zukünftige Umsatzzahlen gekoppelt werden.

Dies bedeutet konkret: Umsatzziel verfehlt – keine weitere Zahlung! Diese Variante wird auch gerne bei größeren »Deals« vorgenommen, insbesondere dann, wenn der Verkäufer Wachstumsprognosen vorhersagt, die in der Vergangenheit noch nicht erreicht worden sind.

In dem Zusammenhang sei mir der Hinweis gestattet: Der Begriff Zukunftspotenzial wird mittlerweile inflationär missbraucht. In meiner Beratungstätigkeit höre ich diesen Begriff jeden Tag. O-Ton eines Unternehmers: »Aus meinem Friseursalon kann ja der neue Besitzer ein innovatives Hair-Care-Center mit angeschlossener Wellnessoase machen! Da kann man viel Geld verdienen!« Auf meine Frage: »Und warum haben Sie das nicht gemacht?«, kam dann keine vernünftige Antwort.

2. Alternative: Verkauf auf Rentenbasis

Diese Variante ist eine Alternative, wenn eine Finanzierung aufgrund einer zu geringen Eigenkapitalquote von Anfang an zum Scheitern verurteilt ist oder das Unternehmen keine großen Umsatz- und Gewinnsprünge in den nächsten Jahren verzeichnen wird, da die jetzigen Kapazitäten schon nahezu ausgereizt sind. Hierunter fallen z. B. viele kleine Handwerksbetriebe.

Der Verkäufer muss sich nur darüber im Klaren sein, dass er ein hohes Risiko eingeht. Sollte der Käufer die Firma an die Wand fahren, bleiben auch die vereinbarten Zahlungen aus.

1. Alternative: Verkauf des Inventars, Anlagevermögens und Warenlagers

In einigen Fällen ist es sinnvoller und wirtschaftlich interessanter, einen Ausverkauf (Inventar/Ware/Anlagevermögen) anstelle eines Firmenverkaufs in Betracht zu ziehen. Hier können teilweise bessere Ergebnisse erzielt werden.

Und wenn Sie sich jetzt mit einem »auf mich trifft das zum Glück ja nicht zu« entspannt in Ihren Feierabend-Sessel zurücklehnen, kann ich Ihnen nur eines sagen: Bitte freuen Sie sich nicht zu früh! In dem Kapitel Kaufpreisermittlung erfahren Sie, wie ein marktgerechter Kaufpreis ermittelt wird!

Wie der Verkaufspreis (Wert) einer Firma ermittelt wird.
Tatsachen schaffen: Mit welchem Verkaufspreis Sie theoretisch rechnen können (+/-).

Ich habe bereits mehrfach darauf hingewiesen: Der Gewinn Ihres Unternehmens muss auf den ersten Blick für einen Käufer in einem realistischen Bezug zum Kaufpreis (Wert des Unternehmens) stehen.

Wenn man sich nun in der Literatur umschaut, wird der interessierte Leser feststellen, dass auf den ersten Blick nichts so einfach ist, wie es vermeintlich scheint. Soll heißen, der nicht mit dieser Materie (Firmenverkäufe/Firmenbewertungen) vertraute Unternehmer weiß in der Regel nachher weniger als vorher.

An dieser Stelle möchte ich ein wenig Licht ins Dunkel bringen. Im ersten Schritt zeige ich Ihnen die Bewertungsmethoden, die in Fachkreisen am häufigsten angewendet werden. Die hier aufgeführte Auswahl an Bewertungsmethoden erhebt aber keinen Anspruch auf Vollständigkeit.

Ertragswertverfahren
Gemäß des Unternehmensbewertungsstandards IDW S1 ermittelt sich der Unternehmenswert beim Ertragswertverfahren durch Diskontierung der den Unternehmenseignern zufließenden finanziellen Überschüssen (Stichwort: ewige Rente). Hierbei werden die zukünftigen (Prognose-)Gewinnzahlen viel stärker bewertet als die Gewinnzahlen aus der Vergangenheit.

Substanzwertverfahren
Unter einem Substanzwertverfahren versteht man die Ermittlung eines Unternehmenswertes anhand der vorhandenen Substanz wie z. B. Anlagevermögen, Inventar, Warenbestand und Immobilien. Hier muss man der Ordnung halber darauf aufmerksam machen, dass dieses Verfahren im Grunde genommen nur ein

Ausverkauf des Anlagevermögens und des Warenbestandes ist. Ein Wert, bezogen auf vergangene oder zukünftige Umsätze und Gewinne, findet hier keine Berücksichtigung!

Discounted-Cash-Flow-Verfahren

Das Discounted-Cash-Flow-Verfahren basiert auf prognostizierten Zahlungsflüssen. Dabei werden zu zahlende Steuern, Privat- wie auch Unternehmenssteuern, mit in die Bewertung einbezogen.

Marktwertverfahren

Das Marktwertverfahren beruht ausschließlich auf Angebot und Nachfrage und kommt in der Regel nur für extrem zukunftsträchtige Unternehmen in Betracht.

Ebit-Multiple-Verfahren

Das Ebit-Multiple-Verfahren ist eine häufig von Firmenmaklern, Investoren und Banken eingesetzte Methode zur Ermittlung des Unternehmenswertes. Basis sind die in der Vergangenheit erzielten Gewinne vor Zinsen und Steuern sowie zukünftige Gewinne.

Die meisten Firmen- oder Unternehmensbewertungen erfolgen auf der Basis rein mathematischer Berechnungsmodelle wie z. B. dem Discounted-Cash-Flow-Verfahren. Individuelle Faktoren – die für einen Käufer von Relevanz sind – werden kaum berücksichtigt. Die Chance, dass das Ergebnis der Firmenbewertung = Kaufpreis ist, liegt daher nach meiner Erfahrung unter 20 %.

Was nützt ein theoretisch (!) hoher Firmenwert, wenn der Preis aufgrund von individuellen Risikofaktoren nicht zu erzielen ist?

Bei der Ermittlung eines branchenspezifischen Kaufpreises hingegen werden aus der Sicht eines Käufers alle Risikofaktoren bei der Preisfindung berücksichtigt! Die Chance, dass das Ergebnis der Kaufpreisermittlung = Kaufpreis ist, liegt hier bei ca. 90 %!

In einigen Fällen kann es auch zu einer »Mischform« der Bewertungen kommen. Hier wird – bei einer entsprechenden Wertigkeit des Anlagevermögens oder des Warenbestandes – eine Kombination aus Substanzwertverfahren und dem Ebit-Multiple-Verfahren vorgenommen. Anhand von einigen Beispielen zeige ich Ihnen, wie ein Verkaufspreis ermittelt wird.

Ermittlung des Firmenwertes anhand des Ebit-Multiple-Verfahrens und einer Bilanzbereinigung

Schritt 1: Das Ebit-Multiple-Verfahren erfolgt auf Basis der vergangenen und zukünftigen Gewinne vor Zinsen und Steuern und unter Berücksichtigung individueller Branchenspezifikationen. Die Multiplikatoren werden jeden Monat anhand von Branchenentwicklungen aktualisiert und sind auf der Webseite »www.finance-research.de« abrufbar.

Schritt 2: Darüber hinaus muss die Bilanz um die Faktoren bereinigt werden (+/-), die für den operativen Geschäftsverlauf nicht relevant sind.

Dabei werden Sie feststellen, dass der ausgewiesene, offizielle Gewinn auf den ersten Blick in vielen Fällen nur die halbe Wahrheit verrät. Erst die Analyse der Bilanz zeigt, wie das Unternehmen im Detail dasteht.

Da es im ersten Schritt nur um die Ermittlung der Gewinnsituation aus dem operativen Geschäft geht, lassen wir die Details der Bilanz an dieser Stelle noch unberücksichtigt.

Praxisbezogenes Berechnungsmodell zur Wertermittlung:
Für eine Personengesellschaft/Einzelfirma ergibt sich folgende Formel:
  Gewinn vor Zinsen und Steuern
  + nicht betriebsnotwendige Ausgaben (z. B. Pkw der Ehefrau)
  + Kosten für einmalige Sonderausgaben (z. B. Beratungskosten, Forderungsverlust)
  - Unternehmerlohn (bei einer Personengesellschaft)
  (x) branchenspezifischem Faktor (Faktor für KMU: 3 bis 6)
  = Kaufpreiskorridor
Und jetzt gehen wir von der Theorie in die Praxis. Anhand von einigen Beispielen möchte ich Ihnen aufzeigen, wie sich gewisse Faktoren auf den Kaufpreis auswirken.

Beispiel für eine fiktive Musterfirma:
Firmenbeschreibung: Unternehmen aus dem Bereich Metallverarbeitung

- Mitarbeiter: 10
- Gesellschaftsform: Personengesellschaft
- Umsatz: 1,5 Mio.
- Gewinn vor Zinsen und Steuern: 175.000 €
- Branchenspezifischer Multiplikator für die Ermittlung des Firmenwertes/Verkaufspreises: 3,5 – 4,5

Beispiel 1: Kaufpreis-Ermittlung auf neutraler Basis
Basis-Berechnung:
- Gewinn vor Steuer und Zinsen: 175.000 €

Preiskorridor:

- Unverbindlicher Kaufpreisfaktor 3,5 x 175.000 629.000 €
- Unverbindlicher Kaufpreisfaktor 4,5 x 175.000 787.500 €
- Möglicher Kaufpreis (unverbindlich) ca. 700.000 €

An dieser Stelle muss ich betonen, dass jede Ermittlung eines Kaufpreises auch subjektiven Kriterien unterliegt. Sie erfolgt grundsätzlich unter neutraler Bewertung, nach bestem Wissen und Gewissen der beratenden Firma, jedoch ohne Rechtsverbindlichkeit. Insbesondere können sie nicht als Grundlage für Rechtsansprüche jeglicher Art verwendet werden.

Beispiel 2: Reduzierung des Kaufpreises durch Kostenbereinigung bei einem kleineren Unternehmen.
Da es sich bei diesem Beispiel um eine Personengesellschaft handelt, muss vom Gewinn ein Unternehmerlohn bez. das Gehalt eines Geschäftsführers abgezogen werden. Diese Summe ist wiederum von der Größe des Unternehmens abhängig Siehe Kapitel: Ist Ihre Firma übernahmewürdig.

Des Weiteren wird eine (fiktive) Halbtagsstelle abgezogen, die zurzeit von der Ehefrau unentgeltlich besetzt wird (= 15.000 €). Da das Gebäude Eigentum und bezahlt ist, muss der Gewinn um die Summe reduziert werden, die der zukünftige Käufer als (fiktive) Miete bezahlen muss (= 35.000 €).

Berechnung:

- Gewinn vor Steuer und Zinsen: 175.000 €

In Abzug zu bringende Kosten

- Unternehmerlohn 75.000 €
- Halbtagsstelle 15.000 €
- Miete 35.000 €
- In Abzug zu bringende Kosten gesamt: 100.000 €
- Gewinn nach Abzug der Kosten: 50.000 €

Preiskorridor:
- Unverbindlicher Kaufpreisfaktor 3,5 x 50.000 = 175.000 €
- Unverbindlicher Kaufpreisfaktor 4,5 x 75.000 225.000 €
- Möglicher Kaufpreis (unverbindlich) ca. 200.000 €

Bei einer Kapitalgesellschaft spielt das Geschäftsführergehalt des Inhabers eine weitere wichtige Rolle. Dieses wird mit einem branchenüblichen Gehalt verglichen. Ist das Geschäftsführergehalt des Inhabers niedriger (GF-Gehalt: 30.000 €, branchenübliches Gehalt: 60.000 €), wird der Differenzbetrag wie bei einer Personengesellschaft vom Gewinn abgezogen (- 30.000 €).

Beispiel 3: Erhöhung des Kaufpreises durch Kostenbereinigung
Auf der Plus-Seite kann der Unternehmer folgende – fiktive – Positionen aufführen:
- + Kfz-Kosten für Firmen-Pkw, der privat genutzt wird. Leasing, Steuer, Benzin (20.000 €)
- + private Gebäudenebenkosten, die über die Firma abgerechnet werden (5.000 €)
- + Sonderausgabe: Rechtsanwaltskosten (5.000 €)
- + Sonderausgabe: Beraterhonorar (10.000 €)

Berechnung:
- Gewinn vor Steuer und Zinsen: 175.000 €

Nicht betriebsnotwendige Ausgaben
- Private Pkw-Nutzung + 20.000 €
- Private Gebäudenebenkosten + 5.000 €
- Sonderausgabe: Rechtsanwaltskosten + 5.000 €
- Sonderausgabe: Beraterhonorar + 10.000 €
- Nicht betriebsnotwendige Ausgaben, gesamt: 40.000 €
- Gewinn bereinigt: 215.000 €

Preiskorridor:
- Unverbindlicher Kaufpreisfaktor: 3,5 x 215.000 752.500 €
- Unverbindlicher Kaufpreisfaktor: 4,5 x 215.000 967.500 €
- Möglicher Kaufpreis (unverbindlich) ca. 860.500 €

Wie im vorherigen Fall hat auch hier das Geschäftsführergehalt des Inhabers, sollte es sich um eine Kapitalgesellschaft handeln, Einfluss auf den Gewinn. Ist das branchenübliche Gehalt niedriger als das Geschäftsführergehalt des Inhabers (GF-Gehalt: 100.000 €, branchenübliches Gehalt: 60.000 €), wird die Differenz zum Gewinn zuaddiert (+ 40.000 €).

Dies sind jetzt nur zwei Beispiele, die Ihnen aufzeigen, wie sich gewisse Faktoren auf den Kaufpreis (+/-) auswirken.

Wichtig! Bei einem Share Deal (Verkauf von Geschäftsanteilen), der in der Regel bei Kapitalgesellschaften angewendet wird, werden die Posten Verbindlichkeiten (-) und Forderungen (+) gegengerechnet. Diese Gegenrechnung erfolgt nach der Kaufpreisfindung!

Ein Beispiel:
- Kaufpreis 459.000 €
- Verbindlichkeiten: z. B. Lieferanten, Darlehen, Steuern −159.000 €
- Zwischensumme: 300.000 €
- Forderungen: z. B. Bank- und Kassenbestand, Einlagen +100.000 €
- Zu zahlender Betrag: 400.000 €

Bedenken Sie bitte: Die Bereinigung der Kennzahlen hat in den meisten Fällen eine signifikante Auswirkung auf den Verkaufspreis.

Tipp! Nicht betriebsnotwendige Ausgaben sind ein heikles Thema. Der kurzfristige finanzielle Vorteil kann sich bei einem Firmenverkauf sehr schnell ins Negative umwandeln. Sie stehen vor der Wahl: Sie kalkulieren eine Reduzierung des Kaufpreises ein oder Sie offenbaren Ihre »Kavaliersdelikte« einer Person, die Sie nicht näher kennen!

An dieser Stelle erkennen Sie, dass eine Gewinnbereinigung eine sehr heikle Sache ist. Mit der Offenlegung dieser Position sagen Sie ja de facto nichts anderes, als dass Sie Gewinne am Finanzamt vorbeischleusen! Also überlegen Sie sehr gut, was Sie wem sagen.

Vorsicht ist die Mutter der Porzellankiste! Soll heißen, ohne eine unterzeichnete Geheimhaltungsvereinbarung sollten Sie keine Bilanzen herausgeben.

Ein Muster einer Geheimhaltungsvereinbarung finden Sie am Ende des Buches.

Kapitel 3

Die Planungs-Phase - oder - Die Vorbereitung auf den Verkauf

Mögliche Käufer-Risiken aufdecken
Der Punkt – mögliche Käufer-Risiken – ist neben der Bestimmung des Kaufpreises der nächstwichtige Schritt innerhalb des Verkaufsprozesses.

An dieser Stelle sollten Sie sich ins Gedächtnis rufen, dass auch das Gehirn eines Kaufinteressenten über ein limbisches System verfügt! Auch hier sind alle Sinne des Käufers darauf ausgelegt, eventuelle Risiken aufzuspüren und falls gefunden, durch das beschriebene Automatik-Programm zu bewerten. In unserem Fall bedeutet das oft den Abbruch der Verkaufsverhandlungen!

Tipp! Es ist ein Gebot der Logik, dass alle möglichen Risiken und Eventualitäten vor der Einleitung des Verkaufsprozesses überprüft werden sollten. Nur so ist gewährleistet, dass Ihre Nachfolgeregelung erfolgreich ist. Im Grunde genommen machen Sie einen »hausinternen Risiko-Check«. Wenn es Ihnen an einer gewissen Neutralität mangelt, sollten Sie eine Person zurate ziehen, die über entsprechende Kompetenzen verfügt.

Viel entscheidender ist, zu welchem Ergebnis eine neutrale Bewertung kommt!« Der Prozess einer Übergabe sieht vor, dass der Käufer eine sogenannte Due-Diligence-Prüfung durchführt. Due Diligence bedeutet frei übersetzt: mit entsprechender Sorgfalt. Konkret geht es um eine Chancen- und Risikoanalyse. Bei höheren Transaktionsvolumen (ab 1 Mio. €) ist es durchaus üblich, dass der Käufer einen externen Dienstleister wie z. B. einen Wirtschaftsprüfer, Rechtsanwalt oder Unternehmensberater mit dieser Aufgabe betraut.

Bei der Durchführung einer Due-Diligence-Prüfung sollten Sie-eventuell mit kompetenter Unterstützung - folgende Punkte überprüft:

- Unternehmensziele
- Umsatzentwicklung
- Auflistung Ihrer Top-Kunden (anonym) und deren Umsatzanteil
- Qualifikation der Mitarbeiter
- Informationspolitik und Unternehmenskommunikation
- dokumentierte Ablaufprozesse und Prozessorientierung
- Kundenzufriedenheit
- Mitarbeiterzufriedenheit (!)
- Bewertung der Bilanzen des Unternehmens

Nehmen Sie sich die nötige Zeit, um diese „Prüfung in Eigenregie" offen und ehrlich zu beantworten. In vielen Fällen werden Sie selber erkennen, wo in Ihrem Unternehmen Risiken verborgen sind.

Ein Risiko-Check bildet das Ergebnis aus der Vergangenheit ab und baut darauf ein Zukunftsmodell auf.

Dies bedeutet, dass alle möglichen Faktoren, die eine Entwicklung positiv oder auch negativ beeinflussen könnten, überprüft und transparent gemacht werden.

Welche Unterlagen verlangt ein Käufer?

Der leidige Papierkram. Was ein Käufer alles schwarz auf weiß sehen will. Ihre nächste Aufgabe besteht darin, alle notwendigen Unterlagen, die bei einem Verkauf benötigt werden, vorzubereiten. Exakt an dieser Stelle spaltet sich das Lager der Firmeninhaber in drei Gruppen.

Gruppe 1: In der ersten Gruppe befinden sich die Unternehmer, die bemerken, dass jetzt Schluss mit lustig ist, da sie nun aufgefordert werden, sich aktiv an diesem Prozess zu beteiligen. Bisher sind ja nur ein paar Gespräche geführt worden – weiter nichts! Geht es aber um konkrete Anforderungen, kommen über 50 % der Unternehmer zu der Einsicht »Ich überlege mir das Ganze noch einmal.«

Gruppe 2: Zu dieser Gruppe gehören die Unternehmer, die zwar wollen, aber aufgrund von Unwissenheit überhaupt keine Vorstellung davon haben, welche Unterlagen benötigt werden. Der Anteil liegt hier nach meinen Erfahrungen bei ca. 45 %.

Gruppe 3: Und zu guter Letzt kommen wir zu der seltenen Spezies der Unternehmer (ca. 5 %), die auf Kommando alle Unterlagen griffbereit vorliegen haben.

Ein erfolgreicher Firmenverkauf hängt unter anderem davon ab, inwieweit alle relevanten Unterlagen einem Kaufinteressenten auf Verlangen kurzfristig – das heißt innerhalb einer Woche – vorgelegt werden können.

Sie als Firmeninhaber sollten eins berücksichtigen: Ein Käufer toleriert keine langen Wartezeiten, insbesondere dann nicht, wenn es um betriebsrelevante Unterlagen geht, sei es die Bilanz aus dem abgelaufenen Geschäftsjahr, die im dritten Quartal des aktuellen Geschäftsjahres immer noch nicht vorliegt, oder eine anonymisierte Gehaltsliste Ihrer Mitarbeiter.

Ein Käufer zieht seine eigenen Schlüsse aus einer mangelhaften Vorbereitung und die sieht z. B. so aus: »Wenn das jetzt schon nicht klappt, wie soll denn erst die Übergabe funktionieren?«

Tipp! Einen wichtigen Aspekt müssen Sie berücksichtigen: Ein Kaufinteressent verhandelt sehr oft mit 4 - 5 verschiedenen Unternehmen gleichzeitig! Demzufolge kommt zu den Entscheidungspunkten Firmenwert und Risikoanalyse auch noch der Punkt Zeitmanagement hinzu. Nur wenn Sie alle Anforderungen erfüllen, haben Sie gute Aussichten, dass der Kaufinteressent auch bei der Stange bleibt.

Hier die Auflistung der Unterlagen, die vor der Einleitung des Verkaufsprozesses vorliegen sollten:

Kennzahlen und betriebsnotwendige Verträge:
- Bilanz der letzten drei Jahre
- aktuelle BWA (max. 2 Monate alt)
- bei Gesellschaften (z. B. GbR oder GmbH): Kopie des Gesellschaftervertrages
- bei Vermietung: Kopie des Mietvertrages
- Auflistung laufender und noch zu erwartender Rechtsstreitigkeiten
- Zeitwert des Anlagevermögens
- Auflistung des Fuhrparks (Alter, km-Leistung, Verkehrswert)
- Waren-/Lagerbestandsliste
- bei Immobilienverkauf: Wertgutachten
- Kopie von Service-, Lieferanten- und Leasingverträgen

Mitarbeiter:
- Organigramm
- Muster-Arbeitsvertrag
- Mitarbeiterliste (Position, Gehalt, Alter, Betriebszugehörigkeit)

Marketing:
- Belegexemplare von Fachzeitschriften
- Nennung der relevanten Fachmessen
- Firmenprospekte, Produktbroschüren
- Zugriffzahlen Ihrer Internetseite

Mitbewerber:

- Liste der Mitbewerber, die größer sind als das eigene Unternehmen
- Liste der Mitbewerber in gleicher Umsatz-/Mitarbeiter-Klasse

Kunden:
- Liste aller Kunden
- Liste der Top-Kunden
- Umsatzentwicklung der Top-Kunden in den letzten 2 - 3 Jahren
- Liste der Kunden, die Sie in den letzten zwölf Monaten verloren haben
- Liste der Neu-Kunden (der letzten zwölf Monate)

Kapitel 4
Die Verkaufsphase

Den Verkauf einleiten
Geschafft! Sie haben die Informations- und die Vorbereitungsphase erfolgreich beendet.

Konkret:
- Der Entschluss, Ihre Firma zu verkaufen, steht zu 100 %!
- Sie haben den Kaufpreis (+/-) im Vorfeld ermittelt.
- Alle Risiken, die einen Verkauf verhindern könnten, haben Sie analysiert und aus dem Weg geräumt.
- Ihre Entscheidung, ob Sie die Unterstützung eines Beraters in Anspruch nehmen, ist auch gefallen.
- Ihr Dokumenten-Management ist vorbildlich. Alle Unterlagen sind griffbereit zur Hand.

Und – alles im grünen Bereich?
Wenn nicht, gehen Sie wieder zurück auf „Los" und fangen wieder von vorne an. Aber Spaß beiseite, ich kann nur jedem raten, keinen Nachfolge-Frühstart hinzulegen. Ein Nachfolge-Frühstart unterscheidet sich in nichts von einem sportlichen Frühstart.

So, nachdem wir das noch einmal geklärt haben, kommen wir zum eigentlichen Verkaufsprozess, der sich wiederum in verschiedene Anforderungsbereiche aufteilt. Bevor Sie nun mit der Einleitung des Verkaufsprozesses starten, müssen folgende Aufgaben erfüllt werden:

Schritt 1: Dokumenten-Management:
Bereitstellung aller notwendigen Unterlagen inkl. der Erstellung eines aussagefähigen Exposés.

Schritt 2: Zeit-Management:
Festlegung des Zeitplans, wann mit den Verkaufsaktivitäten begonnen werden soll.

Schritt 3: Akquisitions-Management:
Planung der einzelnen Schritte, um einen Käufer zu finden.

Schritt 4: Verhandlungs-Management:
Eine Verhandlungstaktik entwickeln, die von Anfang an auch Alternativen berücksichtigt.

Diese vier Aufgaben werden nun in den folgenden Kapiteln ausführlich besprochen.

Eine erfolgreiche Unternehmensnachfolge zeichnet sich dadurch aus, dass der Ablauf geplant, organisiert und mit absoluter Stringenz eingehalten wird.

Das Kurz-Exposé

Das Wichtigste über Ihre Firma. Kurz, aber informativ. Die erste Aufgabe im Bereich Dokumenten-Management besteht nun darin, dass Sie ein Kurz-Exposé erstellen. Das Kurz-Exposé soll den Zweck erfüllen, einem Kaufinteressenten mit wenigen Worten viel zu sagen.

Konkret: Teilen Sie die Informationen mit, die wichtig sind und lassen Sie alles weg, was eine Kontaktaufnahme verhindern könnte! Holen Sie sich auf den diversen Internetportalen Anregungen.

Wenn Sie sich im Internet umsehen, werden Sie schnell feststellen, dass es unterschiedliche Philosophien gibt, wie man ein Kurz-Exposé erstellen kann. Wichtig: Dieses Exposé kann von jedem gelesen werden. Achten Sie daher darauf, dass man aus der Beschreibung keine Rückschlüsse auf Ihre Firma ziehen kann. Stichwort: Anonymität.

Zum einen gibt es den minimalistischen Schreibstil, der sich auf grundsätzliche Angaben beschränkt. Dies sind in der Regel Informationen zur Branche und zum Sitz des Unternehmens. Fertig! Man kann auch sagen: Hier ist der Name Kurz-Exposé Programm!

Die alternative Variante ist ein Kurz-Exposé in ultralanger Form (über drei Seiten). Diese Exposés zeichnen sich dadurch aus, dass hier Informationen preisgegeben werden, die an dieser Stelle nichts zu suchen haben. So kann man immer wieder lesen, welche Top-Kunden (namentlich genannt!) der Verkäufer hat.

Nun, Sie ahnen es schon: Es ist wie immer im Leben, der goldene Mittelweg ist meistens der Richtige. Dies gilt auch für ein Kurz-Exposé.

Ein gutes Kurz-Exposé verfolgt – auf einer DIN-A4-Seite – das Ziel, möglichst viele Fragen eines Käufers in kurzer, aber informativer Form zu beantworten.

In der Praxis hat sich folgende Gliederung bewährt:
- Eine aussagefähige Überschrift inkl. Nennung der Branche
- Unternehmensbeschreibung
- Sitz des Unternehmens - Bitte sehr weiträumig benennen!
- Besonderheiten/Wettbewerbsvorteile
- Kunden und Marktpräsenz
- z. B. Aufteilung Ihrer Kunden in Kundengruppen
- Mitarbeiter
- Anzahl und Qualifikation
- Rechtsform - Einzelfirma oder Kapitalgesellschaft
- Zukunftserwartung
- Welches Potenzial hat Ihre Firma?
- Verkaufsgrund - Sagen Sie die Wahrheit.
- Umsatz - Hier noch nicht zwingend erforderlich.
- Ertrag
- Kaufpreis - Nur nennen, wenn eine realistische Kaufpreisermittlung gemacht worden ist!

Achtung! Denken Sie an die »nicht betriebsnotwendigen Aufwendungen«. Daher im Zweifelsfall: Keine Angabe, die Sie später korrigieren müssen.

Ein Beispiel aus der Praxis:
Großer mittelständischer Fenster- und Glasbaubetrieb in Süddeutschland zu verkaufen.
Beschreibung des Unternehmens:
Das Unternehmen fertigt, verkauft und installiert hochwertige Kunststofffenster, Isolierglas, Spiegel, Rahmen und Glastüren – alles aus eigener Produktion!
Sitz des Unternehmens:
Bayern

Besonderheiten:
Großzügige Produktionshallen mit einem exzellenten Maschinenpark sowie ein repräsentatives Verwaltungs- und Ausstellungsgebäude unterstreichen die hochwertigen Produkte dieses Unternehmens.
Kunden und Marktpräsenz:
Der Umsatz verteilt sich auf gewerbliche und private Kunden – ohne Abhängigkeit von einem Großkunden.
Mitarbeiter:
Der Betrieb beschäftigt ca. 25 qualifizierte Mitarbeiter. Das Unternehmen verfügt über eine zweite Führungsebene.
Rechtsform:
GmbH
Zukunftserwartung:
Das Thema Energieeinsparung, speziell im Bereich Energiesparfenster, ist bei den steigenden Energiekosten eines der zentralen Themen der EU sowie der Bundes- und Landespolitik. Hier werden auch in Zukunft Investitionen weiterhin gefördert werden.
Verkaufsgrund:
Der Verkauf des Unternehmens erfolgt aus privaten Gründen.

Zusammenfassend:
So wie die Qualität der Produkte sind auch die langjährigen Ergebniszahlen des Unternehmens hochwertig. Bedingt durch den hochmodernen Maschinenpark ist zudem eine Umsatzsteigerung in einem zweistelligen Bereich möglich (z. B. 2-Schicht-Betrieb!). Betrachtet man den Kaufpreis im Gesamtpaket (Reputation, Kundenstamm, Mitarbeiter, Anlagevermögen und Warenbestand), so erhält der Käufer ein Unternehmen, das jeden Cent wert ist.

Nachdem Sie das Kurz-Exposé erstellt haben, heißt es nun, das Ganze noch einmal, aber dieses Mal in einer »Langversion«.
Tipp: Das Kurz-Exposé ist der Erst-Kontakt mit einem potenziellen Kaufinteressenten! Oder anders ausgedrückt: Es kommt zu ei-

nem Blind Date zwischen Verkäufer und Käufer. Beschränken Sie sich daher auf das Wesentliche.

Das Lang-Exposé

»Warum jetzt noch ein Lang-Exposé?« Nun, das Lang-Exposé erfüllt den Zweck, ausnahmslos jede Frage eines Kaufinteressenten zu beantworten.

Die Betonung liegt auf ausnahmslos! Dieser Tatsache wird in der Praxis viel zu wenig Bedeutung beigemessen. Immer wieder lese ich Exposés, die nach intensivem Studium mehr Fragen aufwerfen als beantworten. Die Wahrscheinlichkeit, dass die Verkaufschancen sinken, ist relativ groß.

Als Grundlage nehmen wir wieder die Gliederung des Kurz-Exposés zu Hilfe. Die einzelnen Punkte müssen nun ausführlicher beschrieben werden und es kommen noch zusätzliche Informationen für den Kaufinteressenten hinzu.

Auch hier die Punkte im Einzelnen:
- Eine aussagefähige Überschrift
- Unternehmensbeschreibung. In welchem Markt sind Sie tätig. Was produzieren Sie bzw. welche Dienstleistungen bieten Sie an?
- Zusätzlich > Historie. Hier erwartet der Käufer Informationen zu Ihrer Firmengeschichte.

Sitz des Unternehmens
- Wenn Sie ohne einen Berater arbeiten, ist eine Ortsangabe nicht mehr von Relevanz, da Sie Ihre Anonymität ja aufgehoben haben.

Besonderheiten/Wettbewerbsvorteile
- Der wichtigste Punkt: Warum soll jemand Ihre Firma kaufen? Was machen Sie besser/anders als Ihre Mitbewerber?

Kunden und Marktpräsenz
- Arbeiten Sie mit Geschäftskunden oder mit Endverbrauchern? Aufteilung Ihrer Kunden in Kundengruppen A-B-C.

Aufteilung der einzelnen Kundenumsätze nach Umsatzanteil.

Mitarbeiter
- Organigramm, Muster-Arbeitsvertrag, anonymisierte Gehaltsliste, anonymisierte Liste des Krankenstandes und der Kündigungsquote.

Rechtsform
- Einzelfirma oder Kapitalgesellschaft

Zusätzlich > Umsatz- und Ertragszahlen
- Ausführliche Dokumentation der letzten 3 Jahre inkl. Kopien der Bilanzen
- Zusätzlich > Umsatz- und Ertragsvorschau
- Ausführliche Vorschau für die nächsten 3 Jahre unter Angabe von Gründen, warum Sie mit einem Umsatzplus kalkulieren!

Zusätzlich >Zukunftserwartung
- Wir wird sich Ihre Branche entwickeln? Welches Potenzial hat Ihre Firma?
- Welche Risiken sind vorhanden?

Verkaufsgrund
- Auch hier: Sagen Sie die Wahrheit.

Kaufpreis
- An dieser Stelle ist die Nennung eines Kaufpreises sinnvoll. Alternativ verkaufen sie nach Gebot..

Zusammenfassung
- Hier noch einmal die wichtigsten Punkte für einen potenziellen Käufer.

Zusätzlich > Kontaktdaten
- Ansprechpartner und Kontaktadresse.

Der Umfang eines solchen Exposés schwankt zwischen 5 und 50 Seiten.

Dies ist abhängig von der Unternehmensgröße und dem daraus resultierenden Informationsumfang. An dieser Stelle versteht es sich von selbst, dass Sie alle Dokumente griffbereit vorliegen haben. Auch hier noch einmal der Hinweis: Nur wenn alle Dokumente vorliegen, sollte man mit dem Verkaufsprozess beginnen. Stichwort: Frühstart vermeiden!

Die Herausgabe eines Lang-Exposés ist ein sensibler Vorgang innerhalb des Verkaufsprozesses. Daher sollte (muss!) eine Weitergabe an einen Kaufinteressenten nur nach Vorlage einer unterschriebenen Geheimhaltungsvereinbarung und eines Bonitäts-Checks erfolgen.

Den Zeitplan festlegen

Nachdem auch das Lang-Exposé fertig erstellt ist und alle Unterlagen nur darauf warten, einem interessierten Käufer vorgelegt zu werden, gilt es, einen Zeitplan zu erstellen.

Unter einem Zeitplan festlegen verstehe ich nicht die globale Aussage »Ich will in zwei Jahren meine Firma verkaufen«, sondern die konkrete Planung »Ich will mit dem Verkaufsprozess kurzfristig beginnen. Es gibt einen konkreten Starttermin!«

Was auf den ersten Blick selbstverständlich erscheint, kann sich in der Praxis als K.-o.-Faktor entpuppen.

Negativ-Beispiel: Frühstart

Mit guten Vorsätzen ins neue Jahr. Soll heißen, Sie möchten direkt am Anfang des neuen Jahres mit dem Verkaufsprozess starten. So weit, so gut. Das Problem ist leider, die Bilanz für das abgelaufene Geschäftsjahr steht Ihnen erfahrungsgemäß frühestens Anfang März/April zur Verfügung.

Was bedeutet das? Jeder Kaufinteressent wird Sie mit der Frage nerven »Und wann liegt die aktuelle Bilanz vor?« An dieser Stelle kommt die eventuell schon in Schwung geratene Verhandlung abrupt zum Erliegen und der Kaufinteressent sieht sich nach weiteren Unternehmen um.

Sprechen Sie sich frühzeitig mit Ihrem Steuerberater ab. Auch der hat Termine, die er nicht verschieben kann, wie z. B. einen dreiwöchigen Winterurlaub.

Negativ-Beispiel: Schlechte Urlaubsplanung

Da Sie nun (schmerzlich) gelernt haben, dass das Vorhandensein aller Unterlagen eine Grundvoraussetzung ist, starten Sie mit Ihrem nächsten Verkaufsversuch erst, nachdem alles beisammen ist. In unserem Fall gehen wir davon aus, dass Sie im April den zweiten Versuch starten. Alles läuft hervorragend, Sie können sich vor Anfragen kaum retten. Sie haben nur eine Kleinigkeit übersehen. Sie haben im Vorjahr Ihren Urlaub für dieses Jahr im Juni geplant. Sie merken, worauf ich hinaus will? Richtig!

Auch hier kommt es – bedingt durch Ihre Urlaubsplanung – zu einem Stocken der Verhandlungen. Daher mein Tipp: Während des Verkaufsprozesses sollten Sie auf Ihren Urlaub verzichten.

Negativ-Beispiel: Schönheitsreparaturen

Getreu der Philosophie: Der erste Eindruck zählt, kann ich nur jedem Unternehmer raten, dass er sein Büro und alle betriebsrelevanten Räumlichkeiten einer Schönheitskur unterzieht. An der Stelle sei der Hinweis erlaubt: Ein unaufgeräumtes Büro oder ein chaotisches Firmengelände sind ein sicheres Mittel, um jeden Käufer abzuschrecken.

Diese Liste könnte ich noch um einige weitere Beispiele ergänzen. Ich glaube aber, dass Sie nun wissen, dass ein Frühstart die denkbar schlechteste Variante ist, um mit dem Verkauf der Firma zu beginnen, zumal potenzielle Kaufinteressenten nicht auf Bäumen wachsen.

Eine Firma verkauft sich nicht von alleine
Die größte Zeitfressmaschine ist der Verkaufsprozess in seiner Gesamtheit. Wenn Sie Ihre Firma im Alleingang verkaufen, müssen Sie in den ersten drei Monaten einen großen Teil von Ihrer Arbeitszeit abzweigen.

Das hat nichts mit Bange machen zu tun, sondern beruht auf jahrelanger Erfahrung! Allein die gewissenhafte Vorbereitung (Exposé-Erstellung, Käuferakquisition, Vorqualifikation der Interessenten) verschlingt im Durchschnitt einen kompletten Monat. Inwieweit Sie »Herr Ihrer eigenen Zeit« sind, können nur Sie beurteilen.

Tipp! An dieser Stelle möchte ich noch einmal den Hinweis zu dem Punkt: Kompetenzkreis ins Spiel bringen!

Ein weiterer wichtiger Punkt ist das Thema Zeitmanagement. Wenn ich mich entscheiden muss, ob ich mehrere Jobs gleichzeitig erledigen kann, dann besinne ich mich auf die einfache mathematische Formel: $1/2 \times 1/2 = 1/4$

Dies bedeutet auf der geschäftlichen Ebene: Je mehr unterschiedliche Aufgaben man gleichzeitig bewältigen will, desto geringer ist der Gesamterfolg.

Diese Philosophie können Sie auf jeden geschäftlichen (auch privaten!) Bereich anwenden.

Der Käufer, das unbekannte Wesen - oder - Die Suche nach der Nadel im Heuhaufen.

Nähern wir uns nun der nächsten Herausforderung: Wie finde ich einen Käufer? Dieser Bereich nimmt innerhalb des Verkaufsprozesses eine Schlüsselposition ein. Jeder Unternehmer, der seine Firma ohne einen Nachfolgeberater verkaufen will, steht vor diesem Problem. Sollten Sie die Hilfe eines Nachfolgeberaters in Anspruch nehmen, übernimmt der Berater diese Aufgabe.

Bevor wir uns nun mit dem Käuferklientel beschäftigen, möchte ich Sie auf einige Dinge hinweisen, die im direkten Zusammenhang mit einem Kaufinteressenten von Wichtigkeit sind. Jeder Unternehmer muss sich aber über eins im Klaren sein: Auch andere Mütter haben schöne Töchter.

Fakt ist: Pro Jahr suchen ca. 20.000 Unternehmen in Deutschland einen Käufer.

Das heißt, sie stehen in einem klassischen knallharten Wettbewerb, der nach dem Prinzip von Angebot und Nachfrage funktioniert. Was bedeutet: Jeder Kaufinteressent kann aus einer Vielzahl von Angeboten wählen – und er tut dies auch.

Kein Mensch wartet auf Ihr Verkaufsangebot!
Das ist die ungeschminkte Wahrheit. Ich sage dies deshalb so provokativ, weil einige Unternehmer meinen »Mein Unternehmen ist etwas Besonderes« – und selbst wenn es stimmt, ein Kaufinteressent kann das auf den ersten Blick nicht beurteilen!

Daher auch hier wieder der Appell, behandeln Sie jeden ernsthaften Interessenten mit der nötigen Professionalität. Eins sollten Sie bedenken: Einen Klick weiter ist schon die nächste Firma, die einen Käufer sucht!

Lassen Sie uns nun über den Käufer, das unbekannte Wesen, reden. Das Klientel der Firmenkäufer lässt sich in drei vollkommen unterschiedliche Gruppen aufteilen.

Käuferklientel - Investoren
Zu dieser Gruppe zählen alle Gesellschaften, die ein Unternehmen als reine Geldanlage kaufen. Neben der Fokussierung auf einzelne Branchen gibt es darüber hinaus auch unterschiedliche Beteiligungs- beziehungsweise Übernahmemodelle.

Einige Gesellschaften installieren ein eigenes Management, um das Unternehmen zu 100 % in Eigenregie zu leiten. Dies ist insbesondere bei Sanierungsobjekten der Fall. Andere Finanzierungsgesellschaften wollen hingegen mit dem operativen Geschäft nichts zu tun haben, außer dass man die Richtung mitbestimmt und das Controlling übernimmt.

Ernsthafte Gespräche mit diesen Gesellschaften sind nur dann sinnvoll, wenn Ihr Unternehmen gewisse Voraussetzungen erfüllt. Diese Voraussetzungen sind:
- Umsatz: ab 10 Mio., besser 20 Mio. und höher. (Mittlerweile gibt es eine kleine Anzahl von Investoren, die schon ab 5 Mio. einsteigen.)

- Ebit (Gewinn vor Zinsen und Steuern): ab 10 %, besser 15-20 %. Der Gewinn vor Zinsen und Steuern muss deshalb so hoch sein, weil der Investor das eingesetzte Kapital (plus Zinsen) in der Regel innerhalb von 5 bis 7 Jahren wieder auf seinem Konto haben will! Aus dem Grund sind 15 % Gewinn für einige Beteiligungsgesellschaften die unterste Schmerzgrenze.

- Das Prüfungsverfahren dieser Gesellschaften ist strukturiert und wird vorgegeben. Von 100 Anfragen werden 75 sofort abgelehnt. Weitere 20 Anfragen fallen bei der zweiten Prüfung durch das Raster. Bei den verbleibenden fünf Anfragen wird eine umfangreiche Due-Diligence-Prüfung (Unternehmensbewertung) vorgenommen, die dann bei einem Unternehmen erfolgreich abgeschlossen wird.

Strategische Käufer

In der nächsten Gruppe – die ich als strategische Käufer bezeichne – finden Sie den klassischen Mittelständler, der aus Gründen der Expansion ein Unternehmen kaufen will. Bei dieser Käufergruppe spielen neben den finanziellen Kennzahlen auch Synergieeffekte eine zentrale Rolle.

Existenzgründer

Zu guter Letzt kommt die große Gruppe der Existenzgründer. Hier tummelt sich alles, vom Hartz-IV-Empfänger bis zum millionenschweren Privatier. In keiner Gruppe ist das Anspruchsdenken so unterschiedlich.

Zu dieser Gruppe gehören auch die eigenen Mitarbeiter! Sie sollten sich nur vor Augen halten: Ein qualifizierter Mitarbeiter ist noch lange kein guter Unternehmer. Das sollten Sie, falls Sie mit dem Gedanken spielen, Ihre Firma an einen Mitarbeiter zu übergeben, mit in Ihre Überlegungen einbeziehen.

Kommen wir zum nächsten Schritt. Die erste Aufgabe besteht darin, relativ schnell die Spreu vom Weizen zu trennen. Ich habe hier ein einfaches Selektionsverfahren entwickelt, das ich jedem empfehlen kann.

Das Ganze trägt die Überschrift: Schaffen Sie Fakten!
1. Während des ersten Kontaktgespräches nenne ich den Kaufpreiskorridor.
2. Ich frage nach der Höhe des vorhandenen Eigenkapitals.
3. Anhand des Eigenkapitals (möglichst nachgewiesen) trennt sich die Spreu vom Weizen sehr schnell.

Auch hier stellen wir teilweise das gleiche Phänomen fest wie auf der Verkäuferseite: Unwissenheit darüber, welche Bedingungen – in dem Fall von einem Käufer – zu erbringen sind.

Eigenkapital versus Kaufpreis versus Einkommen
Ein Beispiel: Ein leitender Angestellter, nennen wir ihn Herrn M., sucht den Weg in die Selbstständigkeit. Sein bisheriger Bruttolohn lag inklusiv aller Prämien und Sondervergütungen (Firmen-Pkw) bei ca. 100.000 € pro Jahr.
Herr M. möchte eine Firma kaufen, die zwei Bedingungen erfüllen sollte: »
- Die Arbeit muss eine Herausforderung sein und mir Spaß machen« und
- »Ich will mittelfristig dasselbe Einkommen haben wie auf meiner jetzigen Stelle«.

Nun schauen wir einmal, ob dieser Wunsch zu realisieren ist.

Fangen wir mit dem Eigenkapital an: Das Eigenkapital setzt sich aus einem Bankguthaben (25.000 €) und einem Aktienpaket (25.000 €) zusammen.

Hier eine einfache Beispielberechnung:
- Einkommens-Anforderungsprofil an das Zielunternehmen: 100.000 €
- Kaufpreis eines Unternehmens, welches einen Gewinn von 100.000 € vor Steuern und Zinsen ausweist. (Faktor > 4 x Gewinn vor Steuern und Zinsen) 400.000 €
- Erforderliche Eigenkapitalquote (20 %): 80.000 €
- Vorhandenes Eigenkapital: 50.000 €
- Eigenkapital-Differenz: 30.000 €

Fazit: Das vorhandene Eigenkapital reicht nicht aus, um das Einkommens-Anforderungsprofil von Herrn M. zu erfüllen.

Eine Gegenrechnung:
- Eigenkapital: 50.000 €
- Kaufpreis bei 20 % Eigenkapital: (4 x 65.000 €) 250.000 €
- Gewinn des Unternehmers ca. 65.000 €
- Einkommens-Differenz: 35.000 €

Anhand der 20 %-Eigenkapitalquote kann ein Käufer einen Kaufpreiskorridor im Vorfeld berechnen. Vom Kaufpreis kann dann wiederum auf den Gewinn abgeleitet werden. (Formel: 4 x Jahresgewinn vor Steuer und Zinsen).

Mithilfe dieser einfachen Formel kann sich sowohl der Käufer als auch der Verkäufer im Vorfeld seine Erfolgschancen ausrechnen.

Wichtig! Es gibt Fälle, in denen trotz einer niedrigen Eigenkapitalquote eine Finanzierung über die Bürgschaftsbank geregelt werden kann.

Die hier genannte Formel – 4 x Jahresgewinn vor Steuer und Zinsen = Kaufpreis – ist ein Erfahrungswert, der sowohl nach unten als auch nach oben variieren kann!

Die Bandbreite des Ebit-Multiplikators ist branchenabhängig und liegt bei kleinen und mittelständischen Unternehmen zwischen dem Faktor 3 bis 6.

Wo laufen sie denn? Den idealen Käufer finden

Gibt es den idealen Käufer überhaupt? Diese Frage kann man nur mit einem klaren – jein – beantworten! Wenn man einen Verkäufer fragt, welche Voraussetzungen ein Nachfolger erfüllen soll, dann wird einem schnell bewusst, dass die einzige Möglichkeit, den idealen Kandidaten zu finden, darin besteht, dass man den Inhaber klonen muss.

Ich kann an dieser Stelle jedem Verkäufer nur raten, sich nicht von der Vorstellung leiten zu lassen, einen Käufer zu finden, der seinen Ansprüchen gerecht wird. Dieses Anspruchsdenken hat mit der Realität nichts zu tun. Jede in Stein gemeißelte Bedingung, die ein Verkäufer an einen Käufer stellt, schmälert die Erfolgschancen. Eine gewisse Kompromissbereitschaft bezüglich des Käuferprofils ist für eine erfolgreiche Nachfolgeregelung unverzichtbar.

Tipp! An einer weiteren Tatsache kommen Sie auch nicht vorbei: Wenn Sie einen Käufer für Ihr Unternehmen suchen, gelten die gleichen Marktregeln von Angebot und Nachfrage wie beim Verkauf eines Produktes oder einer Dienstleistung. Demzufolge greifen hier auch dieselben Werbemechanismen.

Nur wer auffällt, erregt Aufmerksamkeit.
Diesen Grundsatz sollten Sie sich als Verkäufer zu eigen machen. Oder anders ausgedrückt: Sie werden nur dann Ihre Firma erfolgreich verkaufen, wenn Sie dementsprechende Werbemaßnahmen einleiten. Hier wird deutlich, dass ein vertriebsstarker Firmeninhaber beziehungsweise ein Firmenmakler in dem Fall im Vorteil ist, weil er die Klaviatur von Marketing und Werbung besser beherrscht.

Folgende Vertriebskanäle haben sich in meiner jahrelangen Praxis bewährt:
- Internet
- Zeitschriften
- Direktmailing

Käufer-Akquisition über das Internet
Beginnen wir mit dem Internet. Mittlerweile hat auch das Internet den Markt der Nachfolgeregelung erkannt. Eine große Anzahl unterschiedlicher Portale bietet die Möglichkeit, anonym mit einem Kaufinteressenten in Erstkontakt treten zu können.

Anonymisierte Präsentation, große Reichweite, das sind die Vorteile einer Käufersuche über das Internet. Der Nachteil: Sie sprechen nur die Kaufinteressenten an, die aktuell auf der Suche nach einer Firma sind!

Käufer-Akquisition über Zeitungsanzeigen
Als weitere Akquisitionsmaßnahme bietet sich eine Anzeige in einer Fachzeitschrift an. Im Vergleich zu einer Tageszeitung hat man weniger Streuverlust und ein stärker involviertes Publikum.

Größe zählt! Oder einfacher ausgedrückt: Mit jedem Millimeter steigt die Erfolgschance, einen Käufer zu finden. Die Anzeigengröße sollte daher 90 mm x 50 mm nicht unterschreiten! Der Vorteil einer Anzeigenschaltung liegt darin, dass Sie die Käufer ansprechen, bei denen ein latenter Kaufwunsch vorhanden ist. Dieser Kaufwunsch ist aber nicht so groß, dass der Käufer selber aktiv wird. Hier trifft man die Aussage: »Wenn sich etwas Passendes findet, dann kaufe ich.«

Käufer-Akquisition über ein Direkt-Mailing
Diese Maßnahme ist einer Anzeigenschaltung sehr ähnlich. Als zusätzlicher Vorteil kommen zwei entscheidende Punkte ins Spiel:
- In einem Brief kann man mehr Informationen mitteilen als in einer Anzeige und
- der Streuverlust ist bei entsprechender Selektion geringer.

Fangen wir in diesem Fall mit den Nachteilen an: Wenn Sie Ihre Firma im Alleingang verkaufen, heben Sie mit einer Anschreiben-Aktion Ihre Anonymität auf! Aus diesem Grund sollte diese Maßnahme nur infrage kommen, wenn ein Firmenmakler mit dem Verkauf beauftragt worden ist.

Die Grundlage – und damit der Erfolg einer solchen Aktion – ist die Qualität der Adressen. Die Kosten hierfür liegen, je nach Selektions-Kriterien wie z. B. Branche, Umsatz und Ansprechpartner, zwischen 1,00 und 3,50 € pro Adresse. Hierzu kommen dann noch Druck- und Portokosten. Um überhaupt eine gewisse Erfolgsquote zu erzielen, sollten mindestens 250 – 500 Firmen kontaktiert werden.

Die Gesamtkosten für eine Anschreiben-Aktion sind davon abhängig, ob man einen Dienstleister wie z. B. eine Werbeagentur oder einen Lettershop in Anspruch nimmt. Hier können schnell Kosten von mehreren tausend Euro entstehen.

Ein Kaufinteressent meldet sich – und jetzt?
Was bisher in theoretischer Form besprochen wurde, gilt es nun in die Praxis umzusetzen. Oder anders ausgedrückt: Jetzt zeigt sich, ob Sie Ihre Hausaufgaben richtig gemacht haben. Für dieses Kapitel habe ich mich daher entschlossen, hier meine eigene Vorgehensweise zu beschreiben.

Anhand dieser Beschreibung können Sie ableiten, wann und wie Sie welche Aufgabe erfüllen müssen.

Der Startschuss ist gefallen!
Das Kurz-Exposé ist auf allen relevanten Internet-Portalen veröffentlicht, eine Anzeige in einer Fachzeitschrift geschaltet und ein Anschreiben ist eventuell auf dem Weg zu mehreren potenziellen Kaufinteressenten.

Die ersten Kontaktaufnahmen erfolgen in den meisten Fällen innerhalb von vier Wochen. Die Anzahl der Kontakte ist dabei von vielen Kriterien, wie z. B. der Branche oder dem Firmensitz abhängig. Ein Handwerksbetrieb in einer dünn besiedelten Region bekommt deutlich weniger Kontakte als ein vergleichbares Unternehmen in einer Metropole. Aber:

Masse ist hier nicht gleich Klasse! Das heißt, die schiere Anzahl der Interessenten ist kein Erfolgsfaktor! Hier zählt die Weisheit, »dass Sie die Firma eh nur an EINEN verkaufen können«.

Nun zum Prozedere
Die erste Aufgabe sollte darin bestehen, dass jede Anfrage eines Kaufinteressenten auf folgende Punkte überprüft wird:
- Ernsthaftigkeit
- Kapitalstärke

Um mir ein erstes Bild zu verschaffen, führe ich ein Telefonat mit dem Kaufinteressenten. Da es unterschiedliche Interessengruppen (Beteiligungsgesellschaft, strategische Käufer oder Existenzgründer) gibt, geht es in diesem Telefonat darum, das Motiv des Interessenten zu erfragen.

Ist die Frage des Motives geklärt, erfolgt hieraus eine individuelle, an das Profil der jeweiligen Interessengruppe angepasste Vorgehensweise.

Angaben zum Namen oder zum Firmensitz werden zu diesem Zeitpunkt nicht preisgegeben. Diese Angaben erfolgen erst, wenn bestimmte Voraussetzungen von der Seite des Interessenten erfüllt sind. Kommen wir nun zu dem Telefon-Interview.

Bei einer Beteiligungsgesellschaft kann ich mir die Frage nach dem Eigenkapital sparen. Bei einem Existenzgründer hingegen nimmt dieses Thema eine zentrale Rolle ein, da ich klären muss, ob der Interessent überhaupt in der Lage ist, eine Finanzierung zu gewährleisten.

Sollte zur Ausübung der Tätigkeit ein Fachkundenachweis, z. B. ein Meistertitel, erforderlich sein, muss auch dieser Punkt geklärt werden.

Eine weitere Methode, die Ernsthaftigkeit eines Existenzgründers zu prüfen, besteht darin, dass ich
- den Kaufpreis nenne und – sollte dieser für den Interessenten kein Problem sein –
- ich um einen Kapitalnachweis bitte!

»Moment mal«, höre ich jetzt einige von Ihnen sagen, »warum wird an dieser Stelle bereits über den Kaufpreis und über die Finanzierung geredet?

Sollte der Kaufpreis nicht erst dann genannt werden, wenn der Kaufinteressent Blut geleckt hat?« Oder ist vielleicht sogar ein Verkauf »nach Gebot« die bessere Lösung? Beides kann ich mit einem klaren »NEIN« beantworten.

Gerade bei Existenzgründern finden Sie eine Schar von Interessenten, die mit dem Thema Finanzierung – sagen wir es einmal sehr vorsichtig – überfordert sind. Aus meiner Praxis kann ich Ihnen folgende Zahl nennen. Von 10 Existenzgründer-Anfragen ist nur ein Interessent in der Lage, eine größere Finanzierung (jenseits der 500.000-€-Marke) auf die Beine zu stellen. Demzufolge kann ich Ihnen nur raten, hier sehr konsequent zu sein. Die Interessenten, die weiterhin ein ernsthaftes und begründetes Interesse zeigen, müssen, bevor sie weitere Informationen erhalten, eine Geheimhaltungsvereinbarung unterzeichnen.

Eine weitere Sicherheitsstufe besteht darin, dass ich die Anonymität meines Mandanten erst dann aufhebe, wenn die Seriosität des Interessenten zu 100 % gewährleistet ist und mein Mandant mir grünes Licht gibt! Des Weiteren kann die konkrete Nachfrage einer Finanzierung inkl. eines Finanzierungsplans ein profanes Mittel sein, eventuelle V-Männer aufzuspüren. Bei einigen (Pseudo-)Interessenten besteht das eigentliche Motiv nur darin, an Wettbewerbsinformationen zu kommen.

So kann z. B. die Überprüfung der wirtschaftlichen Verhältnisse des Kaufinteressenten in einigen Fällen Klarheit verschaffen. Hierzu gehe ich auf die Webseite des Bundesanzeigers (www.bundesanzeiger.de) und nehme Einsicht in die Bilanz des Unternehmens (nur bei Kapitalgesellschaften möglich). Darüber hinaus erfolgt noch eine Bonitätsüberprüfung. Allein diese beiden Maßnahmen lassen den Kreis an Kaufinteressenten stark schrumpfen.

Sollte es weder an der Ernsthaftigkeit noch an der Bonität des Kaufinteressenten etwas zu bemängeln geben, erhält der Kaufinteressent das Lang-Exposé, welches immer noch anonymisiert ist!

Einen Punkt sollten Sie immer im Auge behalten: Bei einem Firmenverkauf geht es nicht um Vermutungen, sondern um Tatsachen, die mit Zahlen und Fakten belegt werden müssen.

Beachten Sie bitte: Eine realistische und überprüfbare Einschätzung des Kaufpreises verleiht Ihnen, dem Verkäufer, ein Gefühl der Sicherheit.

Sie müssen sich nicht mit dem Gedanken quälen, ob Ihre Preisvorstellung nun richtig oder falsch ist, sondern Sie können jedes Angebot, das unter Ihrer Kaufpreis-Schmerzgrenze liegt, dankend ablehnen.

Hinzu kommt noch ein wesentlicher Punkt: Ein selbstbewusstes Auftreten erweckt mehr Begehrlichkeit als eine Demutshaltung. Aber übertreiben Sie es bitte nicht!

Der Inhaber, der mit breiter Brust seinen geprüften Kaufpreis vertritt, erhält mehr Respekt und Vertrauen, als der Verkäufer, der schon beim ersten Gespräch signalisiert – Über den Preis können wir ja noch reden.

Dieses Verhalten gilt natürlich auch für einen Nachfolgeberater. Bei solch einem Geschäft kommt es auf Glaubwürdigkeit an! Insbesondere deshalb, weil hier der Firmenmakler als Vermittler beider Parteien fungieren muss.

Mit der Taktik »Über den Preis können wir ja noch reden« deklassiert sich der Berater aus meiner Sicht in die typische Verkäuferecke.

Diese einmal gesetzte Wahrnehmung kann nur in den seltensten Fällen wieder revidiert werden. Der Firmenmakler, der mit dieser Aussage an den Markt geht, schadet damit auch (un-)bewusst seinem Mandanten, weil er ja als Sprecher des Unternehmens auftritt. Eine, wie ich finde, nicht vertretbare Vorgehensweise.

Verkauf erfolgt gegen Gebot
Wenn Sie keinen Kaufpreis nennen wollen, dann kann man mit der Aussage - Verkauf gegen Gebot - nichts falsch machen. Sie müssen nur damit leben, dass sich die Anzahl der Anfragen und der damit verbundene Aufwand erheblich erhöht. Sie sollten aber auf jeden Fall einen Wertermittlung vorliegen haben, die sie mit Zahlen untermauern können. Den hier gilt folgende einfach Regel:

Ein seriöser Unternehmensverkauf ist weder ein Ratespiel noch eine Veranstaltung auf einem Basar. Wenn Sie nicht wissen, was Ihre Firma wert ist, wer soll es dann wissen?

Man stelle sich folgende Situation vor: Ein Käufer meldet sich und gibt dem Verkäufer ein Gebot über 100.000 € ab. Der Verkäufer, am Rand eines Schlaganfalls, hatte hingegen eine nicht auf Fakten aufbauende Preisvorstellung von 500.000 €.

Und jetzt stelle ich dem interessierten Leser die Frage: Wie sollen die Parteien noch miteinander reden können, ohne dass eine Partei ihr Gesicht verliert? Ich hoffe, dass ich Sie für diesen – wie ich finde spielentscheidenden Punkt – sensibilisieren konnte.

Bei einem Unternehmensverkauf geht es von der ersten Sekunde an um eine offene und auf Fakten aufbauende Kommunikation. Da ist kein Platz – und auch keine Zeit – für Preisspielchen, zumal diese überhaupt nicht zielführend sind.

Aber kommen wir nun, nachdem die Geheimhaltungserklärung vorliegt, zum nächsten Punkt: dem Lang-Exposé. Auf die

Wichtigkeit habe ich ja bereits hingewiesen. Mithilfe des Lang-Exposés kann nun jeder Kaufinteressent seine Kaufabsichten in Ruhe prüfen. Hier sind die Qualität und die Aussagekraft des Lang-Exposés von entscheidender Bedeutung.

Abhängig von der Interessenlage, wird sich wieder ein großer Teil der Kaufinteressenten aus den Verhandlungen verabschieden.

Sollte sich ein Kaufinteressent innerhalb von 14 Tagen nicht melden, besteht kaum noch Hoffnung, dass er sich noch mit Ihnen in Verbindung setzt. Da hilft auch keine Nachfrage!

Der Kaufinteressent, der sich nach dem Lesen des Lang-Exposés meldet, ist im Moment ernsthaft an einem Kauf interessiert! Die Betonung liegt hier nicht auf ernsthaft, sondern auf im Moment.

Nun, was bedeutet das? Wie ich schon beschrieben habe, ist ein Firmenverkauf ein von vielen Emotionen begleiteter Prozess. Rationales Denken findet daher meist nur statt, solange es keine zwischenmenschlichen Berührungspunkte gibt. Das bedeutet, dass das im Moment vorhandene Interesse des Käufers sich innerhalb von kürzester Zeit schlagartig ändern kann. Hiermit möchte ich noch einmal auf den Punkt Zeitfaktor hinweisen. In meiner Praxis erlebe ich es jeden Tag, dass bei vielen Kaufinteressenten das Interesse erlischt, sobald sich der Verkaufsprozess verzögert.

Spätestens wenn ein Kaufinteressent nach der Lektüre des Lang-Exposés noch »ein paar drängende Fragen« hat, sollten Sie wissen, dass das Exposé eventuell lückenhaft ist. Dies bedeutet wiederum, dass von nun an die Zeit gegen Sie läuft, da das Interesse des Interessenten schwindet.

Und weil es so schön ist, ein Beispiel aus der Praxis:
Ein Interessent stellt fest, dass in der G & V (Gewinn- und Verlustrechnung) in der Position Materialeinkauf erhebliche Sprünge innerhalb der einzelnen Jahresabschlüsse vorhanden sind, diese

aber nicht näher erläutert werden. Somit stellt sich für den Interessenten die Frage: Wo liegt hier das Problem?

Der Unternehmer, mit dieser Frage konfrontiert, zuckt nur mit den Achseln und kommentiert dies mit einem lapidaren »Das kann ich mir auch nicht erklären, da muss ich meinen Steuerberater fragen.«

Da der Steuerberater zurzeit in einem Urlaub ist, kann dieser Punkt erst in drei Wochen geklärt werden. Diese Informationen lässt der Unternehmer seinem Kaufinteressenten zukommen. Aus den drei Wochen werden in der Regel fünf Wochen, da der Steuerberater zuerst seinen Schreibtisch abarbeiten muss.

Nachdem der Steuerberater erklärt, »dass er nur das gebucht hat, was man ihm vorgelegt hat«, ist der Unternehmer im Prinzip genau so schlau wie vorher. Also muss er sich selber auf die Fehlersuche begeben. Da aber zurzeit so viel zu tun ist, kommt er erst am Wochenende dazu, sich mit diesem Problem zu beschäftigen. Mittlerweile sind sechs Wochen vergangen und die Frage des Kaufinteressenten ist immer noch nicht beantwortet!

Quizfrage: Wie wird der Kaufinteressent diesen Vorgang bewerten?
- »Kein Problem, das kann ja jedem passieren. Ich warte gerne«.
- »Ich bezweifle, dass der Inhaber seinen Laden im Griff hat. Das Risiko ist mir zu groß. Ich ziehe mich aus den Verhandlungen zurück«.

Sollten Sie jetzt nun glauben, dieses Beispiel sei sehr weit hergeholt, dann muss ich Sie enttäuschen. Verkaufsverhandlungen werden schon wegen weit geringerer Unstimmigkeiten beendet.

Die Vorbereitung auf das erste Gespräch
Aktueller Status quo:
Über das Lang-Exposé sind weitestgehend alle (Erst-)Fragen beantwortetet.
- Der Kaufpreis ist genannt.
- Eine Kaufpreisfinanzierung ist (theoretisch) gewährleistet.
- Der Kaufinteressent zeigt weiterhin großes Interesse.
- Die Anonymität des Verkäufers ist aufgehoben.

Als nächster Schritt sollte ein persönlicher »Kennenlern-Termin« vereinbart werden. Die Zielsetzung ist klar definiert: Passt die Chemie zwischen den Parteien? Nicht mehr, aber auch nicht weniger!

Was für den ungeübten Beobachter vielleicht wie ein Plauderstündchen aussieht, ist in Wirklichkeit einer der brisantesten Momente innerhalb eines Verkaufsprozesses. Daher sollte man dieses Treffen mit größter Sorgfalt planen.

Als Erstes nimmt die Frage nach dem Austragungsort eine wichtige Rolle ein. Hier gibt es zwei Möglichkeiten:
- Man trifft sich direkt am Ort des Geschehens – also bei Ihnen
- Sie legen das Gespräch auf neutralen Boden, wie z. B. ein Restaurant oder eine Hotellobby.

Jede dieser Vorgehensweisen hat Vor- und Nachteile. Für die Variante am Ort des Geschehens spricht, dass sich der Kaufinteressent direkt ein umfassenderes Bild von Ihrem Unternehmen machen kann, was wiederum den Verkaufsprozess beschleunigt. Dieses Argument spricht gleichzeitig gegen ein Treffen auf neutralem Boden.

Gegen die Variante Ort des Geschehens spricht, dass Sie sich auf dieses Gespräch besser vorbereiten müssen. Sie sollten sich eine Story für Ihre Mitarbeiter ausdenken. Immer wieder gerne genommen: Der Besuch eines neuen Kunden oder der Besuch eines Beraters. Dieses Argument geht auf das Pro-Konto für ein Treffen auf neutralem Boden.

Eins sollten Sie bedenken: Irgendwann kommt die Stunde der Wahrheit und der Besuch bei Ihnen vor Ort wird unumgänglich!

Ich hoffe, Sie sehen meinen erhobenen Zeigefinger: Der nächste kritische Punkt ist der Punkt des äußeren Erscheinungsbildes. Ich hatte schon darauf hingewiesen. Hier kann ich Ihnen dazu raten: Keine Unternehmensbesichtigung, solange Ihre Geschäftsräume nicht picobello aufgeräumt und sauber sind. Je nach Veranlagung kann es an der Stelle picobello für den Firmeninhaber zweckmäßig sein, eine neutrale Meinung einzuholen. Auch hier zeigt die Praxis: Was für den einen vollkommen in Ordnung ist, ist für den anderen das blanke Chaos.

In unserem Beispiel gehe ich davon aus, dass das erste Gespräch direkt bei Ihnen stattfinden soll.

Folgende Basics sind dabei zu erfüllen:

- Planen Sie 2 - 3 Stunden für dieses Gespräch ein.
- Sorgen Sie dafür, dass Sie während des Gespräches durch nichts gestört werden.
- Schalten Sie Ihr Handy aus.
- Sorgen Sie dafür, dass ausreichend Getränke vorhanden sind.
- Falls Sie Raucher sind – und der Kaufinteressent Nichtraucher – wählen Sie eine nikotinfreie Zone und unterlassen Sie den Griff zur Zigarette. Nichts ist für einen militanten Nichtraucher schlimmer als eine stinkende Nikotinbude. Glauben Sie es mir, ich weiß, wovon ich rede!

Fehler, die Sie beim ersten Gespräch vermeiden sollten.
Eine zweite Chance gibt es selten!

Unter diesem Aspekt stelle ich sehr oft fest, dass es nahezu immer dieselben Fehler sind, die beim ersten Gespräch vonseiten des Inhabers gemacht werden. Um es einmal in einem groben Satz zu umreißen: Der Verkäufer verliert das alleinige Ziel dieses Gespräches – die Prüfung, ob die Chemie stimmt – vollkommen aus den Augen.

Anstatt dem Käufer das Wort zu überlassen (wer fragt, der führt!), übernimmt der Verkäufer das Gespräch und redet sich eventuell um Kopf und Kragen.

Grundsätzlich können Sie davon ausgehen, dass Ihr Gesprächspartner in den meisten Fällen auch ein Alpha-Tier ist. Ansonsten wäre er kein Unternehmer – oder einer, der noch Unternehmer werden will. Dieser Tatsache wird aus Unkenntnis viel zu wenig Bedeutung beigemessen.

Jeder der Beteiligten will bei einer Verkaufsverhandlung in möglichst kurzer Zeit eine Vielzahl an Informationen sammeln. Diesen Anspruch haben Käufer und Verkäufer gleichermaßen. Soweit die Theorie. Vielerorts hapert es jedoch an der notwendigen Verhandlungskompetenz.

Bei Gesprächen mit Unternehmern oder Existenzgründern haben sich daher folgende Verhandlungsregeln bewährt:
- Überlassen Sie Ihrem Gesprächspartner das erste Wort.

- Im Gegensatz zu Ihnen verfügt der Käufer, bedingt durch das Lang-Exposé, über einen höheren Wissensstand. Dieses Manko sollte so schnell wie möglich ausgeglichen werden.

- Fallen Sie Ihrem Gesprächspartner nicht ins Wort – lassen Sie ihn ausreden. Dieses unsägliche Verhalten, das man aus jeder politischen Talkshow kennt, ist ein absoluter Verhandlungskiller.

- Bilden Sie sich erst dann ein Urteil über Ihren Gesprächspartner, wenn er alle Informationen auf den Tisch gelegt hat.
- Halten Sie sich, soweit es geht, unter Kontrolle. Achten Sie auf Ihre Körperhaltung und Mimik. Die nonverbalen Signale, die Sie senden, empfängt Ihr Gesprächspartner rein intuitiv und damit auf einer sehr brisanten emotionalen Ebene.
- Hüten Sie sich vor voreiligen Sympathiebekundungen! Dieses Verhalten sieht man da sehr häufig, wo eine gleiche Wellenlänge vorhanden ist. Wissenschaftler führen dieses Phänomen auf eine Übereinstimmung der Spiegelneuronen in unserem Gehirn zurück.
- Trennen Sie Person und Sache voneinander. Dies ist nicht immer leicht, da jede Person stark emotional involviert ist.
- Signalisieren Sie Ihrem Gesprächspartner von Anfang an, dass Sie problemlösungsorientiert sind.
- Bleiben Sie sachlich und legen Sie Ihren Standpunkt verständlich dar.
- Halten Sie die erste Verhandlungsrunde möglichst klein. Fragen Sie, ob der Kaufinteressent noch mit einer Begleitperson kommt.
- Notieren Sie Einwände des Käufers und gehen Sie darauf ein.
- Sollte während der Verhandlung ein Thema angesprochen werden, bei dem Sie Wissenslücken haben, machen Sie sich eine Notiz und bitten darum, diesen Punkt zu einem späteren Zeitpunkt detailliert zu besprechen.
- Seien Sie zu Kompromissen bereit. Ohne Kompromiss kein Verkauf! So einfach ist das.
- Seien Sie ehrlich! Jede Unwahrheit wird gnadenlos bestraft.

An dieser Stelle möchte ich noch einmal ausdrücklich vor voreiligen Sympathiebekundungen warnen! Wenn sowohl Käufer als auch Verkäufer auf der gleichen »Sympathiewelle schweben«, scheint auf den ersten Blick alles in Ordnung zu sein. Leider ist das Gegenteil oft der Fall. Diese Sympathiewelle baut darauf auf, dass man in allen Fragen der gleichen Meinung ist. Von der Unternehmensführung bis zum Lieblings-Bundesligaverein, alles ist im grünen Bereich. Man hat ja, ohne es auszusprechen, einen Seelenverwandten getroffen. Was dabei leider nicht berücksichtigt wird: Jede Seelenverwandtschaft hat immer zwei Seiten. Auf der Pro-Seite führt dies zu einer anfänglich entspannten und freundlichen Gesprächsatmosphäre. Auf der Kontra-Seite führt diese Seelenverwandtschaft bei den kleinsten Unstimmigkeiten zu meist unüberwindbaren (emotionalen) Diskrepanzen.

Die Begründung ist relativ einfach. Da dieses Vertrauensverhältnis auf einer rein emotionalen Ebene aufgebaut ist, wird demzufolge auch jede Handlung auf dieser emotionalen Ebene bewertet!

Respekt – und nicht Sympathie – ist die Grundlage, um auch schwierige Verhandlungsprozesse zu überstehen. Ein Zuviel an Nähe ist immer mit einem Verlust an Respekt verbunden.

Darüber muss sich jeder Verkäufer im Klaren sein. Mag der Auslöser für eine Meinungsverschiedenheit im Normalfall als Bagatelle abgetan werden, erlangt er in solch einem Fall eine ganz andere, persönliche Dimension.

Nachdem ich aufgezählt habe, was Sie als Verkäufer tunlichst vermeiden sollten, kommen wir zum eigentlichen Thema des Erstgespräches: Das Abtasten der Parteien. Zuvor möchte ich Ihnen aber noch die unterschiedlichen Käufer-Typen beschreiben, die mir in meiner täglichen Praxis immer wieder begegnen.

Käufer-Typ-Beschreibung

Typ – »Der Sympathieträger« – oder – »Alles kein Problem!«
Diesen Typ eines Kaufinteressenten finden Sie sehr häufig bei Existenzgründern.

Ich bin immer wieder fasziniert, welch positive Ausstrahlung dieser Käufertyp hat. Offen, freundlich und zuvorkommend, das sind Attribute, die diesen Typ auszeichnen. Man hat es im Grunde genommen mit einem Menschen zu tun, für den es keine Probleme gibt.

Dieser Typ interessiert sich gleichzeitig für die unterschiedlichsten Unternehmensformen. Es gibt nahezu keine Einschränkungen, solange das Unternehmen z. B. eventuell irgendetwas mit Vertrieb zu tun hat.

Erkennungsmerkmal: Der Lebenslauf zeichnet sich durch eine Vielzahl unterschiedlicher beruflicher Tätigkeiten aus. Sehr häufig sind diese Tätigkeiten im Vertrieb angesiedelt. Ist der Firmeninhaber ebenfalls sehr »vertriebslastig«, kommt es hier sehr schnell zu einer Verbrüderung, die dazu führt, dass der Verkäufer überzeugt ist, »das ist der richtige Mann (Frau) für meine Firma!«

Kritische Fragen werden von diesem Käufertyp kaum gestellt beziehungsweise er hat, sollte es doch ein Problem geben, sofort eine Lösung parat! Diese sehr sympathischen Menschen versprühen eine Aura der Zuversicht, die aber, und jetzt kommt das eigentliche Problem, nicht lange anhält. Die anfängliche Euphorie verfliegt genauso schnell, wie sie gekommen ist.

Sollte Ihnen also ein Kaufinteressent gegenübersitzen, für den alles kein Problem darstellt, rate ich zur absoluten Vorsicht! Lassen Sie sich auf der emotionalen Ebene nicht zu sehr von Ihren positiven Gefühlen leiten.

Führen Sie die Verhandlungen sehr stringent und seien Sie kritisch. Die Vita des Interessenten kann hier schnell Aufschluss geben.

Typ - »Der Furchtsame« – oder – »Risiko, nein danke!«

Dieser sehr introvertierte Käufertyp, der durch seine reservierte und zurückhaltende Körpersprache auffällt, steht sich quasi selber im Weg.

Hier wird der Wille »Ich will eine Firma kaufen« von der eigenen übervorsichtigen Lebensweise konterkariert. Hinter jeder Hecke wird ein Schütze vermutet. Diesen Käufertypen findet man sowohl bei der Gruppe der Existenzgründer als auch bei der Gruppe der strategischen Käufer.

Sollte es sich um einen Unternehmer handeln, kann dieser durchaus sehr erfolgreich sein. Im Prinzip geht es diesem Typ nur um eins: Bewahre das Vorhandene.

Oder anders ausgedrückt: Sie haben es hier mit einem Menschen zu tun, »der duschen will, aber dabei nicht nass werden möchte.« Mit solch einem Käufer einen Unternehmensverkauf zu gestalten, ist gelinde gesagt eine sportliche Herausforderung allerhöchster Güte. Sollte also Ihr Gegenüber jeden zweiten Satz mit »ja, aber« oder »was ist, wenn« anfangen, ist die Wahrscheinlichkeit groß, dass Sie es mit einem ängstlichen Käufertyp zu tun haben.

Die Grundvoraussetzung, hier erfolgreich zu sein, besteht darin, auf der emotionalen Ebene ein gehobenes Maß an Geduld mitzubringen. Auf der Verhandlungsebene ist Offenheit und Transparenz oberstes Gebot.

Typ – »Der Macher« – oder – »Alles hört auf mein Kommando!«

Unter den strategischen Käufern (Unternehmern) ist dieser Käufertyp sehr stark verbreitet. Sie haben es hier mit einem Menschen zu tun, der weiß, was er will. Da viele Unternehmer auch zu diesem Typus gehören (Macher trifft auf Macher), gibt es einige Besonderheiten, die Sie beachten sollten.

Das fängt schon beim Begrüßungsritual an. Der Händedruck ist fest und der Augenkontakt wird gehalten. Einem geübten Außenstehenden wird sofort klar: Wer jetzt wegguckt, der hat die erste Runde verloren.

Hier kann es sehr schnell zu einer Eskalation in der Verhandlungsführung kommen. Dies liegt daran, dass jeder der Gesprächspartner dem anderen zeigen will, »dass er der Herr im Haus ist«.

Sollte der Käufer das Gefühl bekommen »Sie sind kein Gesprächspartner auf Augenhöhe«, kann man die Verhandlungen im Grunde genommen sofort beenden. Demzufolge klärt sich schon im ersten Gespräch, wo die Reise hingeht.

Tatsache ist aber auch: Sind die Fronten einmal geklärt und man redet auf Augenhöhe, haben Sie es in den meisten Fällen mit einem kompetenten Gesprächspartner zu tun.

Auf der emotionalen Ebene stellt dieser Käufertyp die größte Herausforderung dar. Lassen Sie sich nicht von Ihren Emotionen leiten, indem Sie jeden Fehdehandschuh aufnehmen. Zeigen Sie, dass Sie ein gleichstarker Partner sind. Diese geistige Haltung müssen Sie dann nur noch in eine konstruktive Verhandlungsführung umsetzen, wobei das Hauptaugenmerk darauf liegen sollte, dass Ihr Gesprächspartner immer sein Gesicht wahren kann.

Typ - »Der Stratege« – oder – »Der Wolf im Schafspelz«
Der Stratege ist entweder ein gestandener und erfolgreicher Geschäftsmann oder ein Existenzgründer, der in verantwortlicher gehobener Position arbeitet. Sein Erscheinungsbild ist eloquent, seriös und von einer freundschaftlichen Distanz geprägt.

Er ist ein professioneller Zuhörer, der seinem Gesprächspartner kaum ins Wort fällt. Warum auch, erfährt er so doch die meisten

Dinge, die für ihn von Relevanz sind. Darüber hinaus versteht der Stratege es meisterhaft, seinem Gesprächspartner ein Gefühl der Anteilnahme zu vermitteln. Dieses Verhalten kann man daran erkennen, dass er den Verkäufer mit Suggestivfragen konfrontiert »Geht es Ihnen auch so, dass Sie kaum Urlaub machen können?« Ein »Ja, mir geht es genauso« wird dann mit einem freundlichen Lächeln quittiert, aber intern einer gnadenlosen Bewertung unterzogen.

In solch einem Fall z. B. würde diese Aussage eventuell zu der Bewertung führen, dass »ohne den Inhaber nichts geht« und damit den Verkauf der Firma erschweren. Eins muss natürlich auch gesagt werden, von allen Käufertypen ist der Stratege der professionellste Kandidat. Er wird nicht lange um den heißen Brei herumreden, sondern kommt unmittelbar auf den Punkt des Geschehens. Emotional bedeutet das für Sie, dass Sie sich von dieser freundlichen Einlull-Strategie nicht täuschen lassen dürfen.

Ansonsten ist der Stratege ein Gesprächspartner, der Ihnen im Nachgang des Gesprächs offen und ehrlich seine Einschätzung mitteilt.

Typ - »Der Schulmeister« – oder – »Ich weiß alles besser!«
Der Typ Schulmeister ist der Käufer, vor dem Sie jeder Berater warnen wird. Warum ist das so, werden Sie vielleicht fragen. Nun, wir haben es hier mit der seltenen Spezies von Käufer zu tun, die im Grund nichts Besseres zu tun hat, als jedem Unternehmer oder Berater in Deutschland klarzumachen, dass der Verkaufspreis total überzogen ist und gleichzeitig einen Erguss von Erklärungen folgen lässt, in dem er beschreibt, wie man es denn besser machen könnte.

Zum Glück kann man diesen Käufertyp anhand seiner voreingenommenen Kritik sehr gut identifizieren. Sollte Ihnen also jemand, ohne dass er auch nur eine Zahl aus Ihrem Unternehmen kennt, unterstellen, dass Ihre Preisvorstellung viel zu hoch ist, schlage ich vor – legen Sie einfach auf. Ich kann aber alle Verkäufer dahingehend beruhigen, dass diese Spezies zum Glück sehr selten ist.

Fazit: Die hier aufgeführten Typ-Beschreibungen sind ein grobes Raster, anhand dessen Sie sich auf Ihren Gesprächspartner einstellen können. In der Praxis finden Sie auch Mischformen der einzelnen Typen wie z. B. den »dominanten Strategen« oder den »sympathischen Macher«, um nur zwei Mischformen aufzuzeigen. Ich muss aber darauf hinweisen, dass eine Identifizierung dieser Typen mit viel Erfahrung verbunden ist.

Nachdem Sie nun Ihren Gesprächspartner (hoffentlich) besser einschätzen können, wenden wir uns wieder dem eigentlichen Thema zu: dem Verkauf Ihrer Firma.

Verkäufer und Käufer haben, wie man sich denken kann, vollkommen unterschiedliche Erwartungshaltungen an dieses Erstgespräch.

Um den größtmöglichen Nutzen für beide Seiten zu erzielen, hat sich folgende Gesprächstaktik bewährt: Nach den normalen Anfangsritualen, wie z. B. dem Austausch der Visitenkarten, sollte der Käufer das Gespräch eröffnen, indem er sein Motiv darlegt und angibt, warum er Ihr Unternehmen kaufen will.

Bei einem Existenzgründer ist die Erläuterung seiner beruflichen Vergangenheit ein weiterer wichtiger Punkt. Diese Fragen geben Ihnen einen tieferen Einblick in die Persönlichkeit des Käufers. Sie können jetzt zum ersten Mal abschätzen, ob Ihr Gegenüber in der Lage ist, das Unternehmen eventuell erfolgreich zu führen. An dieser Stelle möchte ich aber noch einmal auf den Punkt kommen.

»Bilde dir erst dann ein Urteil über deinen Gesprächspartner, wenn er alle Informationen auf den Tisch gelegt hat.«

Die Ursache dafür, dass man die Fähigkeiten einer Person unterschätzt, liegt in den meisten Fällen nur darin, dass man seine eigenen Fähigkeiten überschätzt!

Demzufolge kann ich jedem Verkäufer nur raten: Treffen Sie keine voreiligen Schlüsse! Nachdem also der Kaufinteressent einen Einblick in sein Motiv und seine Qualifikation gegeben hat, sind Sie nun an der Reihe, das Gespräch zu übernehmen.

Die Schilderung der Anfänge des Unternehmens ist die beste Gelegenheit, einen vernünftigen Einstieg zu bekommen. Danach sollten Sie ohne Umschweife in das aktuelle Geschäftsgeschehen überleiten.

Auch an dieser Stelle sei ein (Warn-)Hinweis gestattet: Unser Kleinhirn, das neben der Steuerung der Motorik auch für die Selektion von Erst-Informationen innerhalb unseres Gehirns zuständig ist, hat nur eine begrenzte Aufnahmekapazität.

Das bedeutet, dass ein Zuviel an Informationen zu einem Informations-GAU führt. Stellen Sie sich vor, Sie wollten einen schon bis zum Rand gefüllten Eimer noch weiter mit Wasser füllen. Als Indikator dient hier der Augenkontakt. Wenn Ihr Gesprächspartner diesen nicht mehr hält (halten kann), sollten Sie Ihren Monolog beenden.

Wie Sie bisher vielleicht feststellen konnten, plädiere ich dafür, dass beide Parteien die Möglichkeit haben, ihren persönlichen Werdegang und damit ihre Persönlichkeit darzulegen. Dies ist in vielen Fällen die Basis für ein respektvolles Gesprächsklima, da man davon ausgehen kann, dass beide Parteien in ihrer beruflichen Karriere schon viel erreicht haben. Anhand der Reaktion, wie z. B. interessiertes Nachfragen, kann man sehr gut feststellen, ob die Chemie zwischen Verkäufer und Käufer stimmig ist.

Ich möchte davor warnen, dass in dieser frühen Phase über den Kaufpreis verhandelt wird.

Die Gefahr, dass das Gespräch einen unkontrollierten Verlauf nimmt, ist einfach zu groß. Verhandlungen über den Kaufpreis führen zu diesem Zeitpunkt immer zu einer unqualifizierten Diskussion, die keiner unbeschadet übersteht. Die Wahrscheinlichkeit, dass dieses Gespräch einen negativen Verlauf nehmen wird, ist sehr groß.

Den nächsten Part übernimmt wieder der Käufer. Er wird mit der Frage konfrontiert, ob – und wie – er sich vorstellen kann, dieses Unternehmen zu führen.

Hier kann man erkennen, ob der Kaufinteressent das nötige Rüstzeug mitbringt und ob die Basis für weitere Verhandlungen gegeben ist.

Es macht überhaupt keinen Sinn, weitere Verhandlungen zu initiieren, wenn an dieser Stelle zu erkennen ist, dass der Kaufinteressent zwar sehr sympathisch, aber sonst für diesen Job nicht geeignet ist. Jeder Verkäufer muss aber auch damit leben, dass der hochkarätige Kaufinteressent seinerseits nach einigen Tagen absagt! Das erste Gespräch sollte nach max. 3 Stunden unterbrochen beziehungsweise beendet werden.

Alles, was für eine weitere Meinungsfindung beider Parteien notwendig ist, sollte bis dahin gesagt sein. Jeder kann nun für sich entscheiden, ob er aufgrund der gewonnenen Informationen weitere Verhandlungen anstreben möchte. Längere Verhandlungen zu diesem Zeitpunkt sind nicht zielführend.

Zu guter Letzt muss der Rahmen für das (eventuell) nächste Treffen abgesteckt werden. Dazu wird der Interessent aufgefordert, einen Termin zu nennen (»Was meinen Sie, wie lange brauchen Sie für eine Entscheidung«), und er sollte, falls erforderlich, einen Fragenkatalog entwerfen, der dann beim nächsten Gespräch vom Verkäufer zu beantworten ist.

Ansonsten geht es bei dem nächsten Termin darum, dass der

Interessent einen Einblick in die detaillierten Unternehmenszahlen erhält, gerne auch im Beisein eines Steuerberaters.

Das zweite Gespräch mit einem Interessenten
Worauf es jetzt ankommt: Fakten, Fakten, Fakten

Nachdem die Hürde Erstgespräch genommen ist, sollten Sie dieses Gespräch nach 2 - 3 Tagen noch einmal Revue passieren lassen. Es geht darum, dass Sie die Reaktion des Kaufinteressenten anhand seiner Aussagen und Fragen analysieren. Des Weiteren empfehle ich Ihnen, dass Sie sich die Körpersprache und den Tonfall im Nachgang des Gesprächs noch einmal vor Augen halten. Hieraus können Sie ableiten, an welcher Stelle das Gespräch eine Wendung genommen hat beziehungsweise eventuell zu kippen drohte.

Eins müssen Sie immer bedenken: Zwischen Ihnen und dem Kaufinteressenten lauern viele Kommunikationsstörungen

- gedacht ist nicht gesagt ...

- gesagt ist nicht gehört ...

- gehört ist nicht verstanden ...

- verstanden ist nicht einverstanden ...

(In Anlehnung an Konrad Lorenz (1903 - 89), österreichischer Verhaltensforscher).

Ich glaube, besser kann man das Kommunikationsproblem zwischen zwei Menschen, die unterschiedliche Ziele verfolgen, nicht beschreiben.

Neben einem möglichen Kommunikationsproblem gibt es noch ein weiteres Problem mit Namen: Verständnis!

Das Problem – Verständnis – rührt daher, dass es immer wieder vorkommt, dass sich zwei Gesprächspartner gegenübersitzen, die vollkommen unterschiedliche Auffassungen über ein Thema haben.

Kommt der Kaufinteressent z. B. aus der Konzern-Ecke, können

Sie davon ausgehen, dass er von Hause aus nur eine Arbeitsweise kennt: Jeder Vorgang muss dokumentiert werden. Ob es sich nun um eine Personalentscheidung handelt oder um die Bestellung von Büroklammern, alles ist im Nachgang überprüfbar.

Ich erlebe es immer wieder, dass ein Firmeninhaber in einem Anfall von Geschwätzigkeit Dinge in den Raum stellt, die sich bei der ersten Überprüfung in Rauch auflösen. Ein Beispiel: Ein Firmeninhaber prophezeit ein Umsatzwachstum von 20 %.

Diese Zahl kann der Firmeninhaber aber mit keinen auf Fakten aufbauenden Unterlagen belegen. Auch hier die Frage: Was meinen Sie, wie bewertet ein Interessent, der solch eine Vorgehensweise nicht gewohnt ist, dieses Verhalten?

Ich gebe Ihnen die Antwort: Entweder wird der Interessent die Verhandlungen abbrechen oder er wird in Zukunft wegen mangelnden Vertrauens jede Aussage auf ihren Wahrheitsgehalt überprüfen. Ich kann Ihnen nur eins sagen: Entspannte Verhandlungen sehen anders aus!

In der Praxis hat das für Sie, den Verkäufer, folgende Konsequenz:
- Lassen Sie sich zu keiner Aussage hinreißen, die Sie nicht lückenlos nachweisen können!

- Erwähnen Sie niemals Anfragen, die Ihnen als Auftrag in Aussicht gestellt wurden, aber wo es keinen verbindlichen Auftrag gibt.

- Ein Interessent hört nur das, was er hören will – und das ist: Da liegt ein Auftrag vor!

Da Sie nun wissen, was Sie nicht tun sollten, gehen wir davon aus, dass der Kaufinteressent weiterhin sein Interesse bekundet und um einen weiteren Termin bittet. Die Grundlage für das zweite Gespräch sollte eine vom Käufer zu erstellende Agenda sein.

Im Normalfall geht es in diesem zweiten Gespräch um folgende

Detailinformationen:
- Kundenstruktur
- Mitarbeiterstruktur
- Lieferantenstruktur
- Bilanzkennzahlen
- Zukunftsplan
- Preisverhandlungen

Hier wird noch einmal die Bedeutung des Lang-Exposés sehr deutlich.

Im Normalfall sollten die Punkte Kunden, Mitarbeiter und Lieferanten mithilfe des Lang-Exposés bereits beantwortet worden sein. Durch die Übermittlung der Agenda können Sie sich auf noch offene Fragen vorbereiten.

Sollte das Lang-Exposé dem Käufer nicht hinreichende Informationen vermittelt haben, müssen Sie mindestens 1 - 2 zusätzliche Verhandlungsrunden einkalkulieren.

Es ist nahezu unmöglich – sollte kein aussagefähiges Exposé vorliegen – alle Punkte, die für eine Firmenübernahme von Bedeutung sind, an einem Tag abzuarbeiten. Ansonsten nehmen die Punkte Bilanzkennzahlen, aktuelle BWA sowie die Zukunftsplanung für die nächsten zwei Jahre den größten Raum ein.

Für den Fall, dass Sie mit der Interpretation Ihrer Bilanz Probleme haben, kann ich nur empfehlen, zu diesem Gespräch Ihren Steuerberater hinzuzuziehen. Es gibt nichts Schlimmeres als den Hinweis »Diese Frage kann ich Ihnen nicht beantworten, da muss ich meinen Steuerberater fragen!« Sie sollten sich darauf einstellen, dass jeder Punkt, der in irgendeiner Form mit dem Unternehmen zu tun hat, Raum für Diskussionen bietet. Spätestens hier flacht auch die Sympathiewelle aus dem Erstgespräch deutlich ab.

Der Verkäufer will einen maximalen Kaufpreis für seine Firma. Der Käufer hingegen will nur einen minimalen Kaufpreis zahlen. Gegensätze können größer nicht sein!

Ist man sich dieser Tatsache bewusst, indem man sich z. B. auf den Stuhl des Käufers setzt, wird man sehr schnell feststellen, dass man genauso vorgehen würde.

Aus diesem Grund kann ich nur die Empfehlungen abgeben: Lassen Sie Ihre Bilanzen im Vorfeld von einem Profi auf mögliche Kritikpunkte prüfen.

Ihr Steuerberater ist dafür nicht unbedingt der richtige Gesprächspartner, da Sie ihn in eine Art Gewissenskonflikt bringen. Sollte er Sie auf kritische Punkte hinweisen, besteht die Gefahr, dass Sie dies eventuell mit dem Kommentar abtun: »Warum haben Sie mich denn nicht früher auf diese Punkte aufmerksam gemacht?« Was für die Bilanzen gilt, gilt von nun an auch für alle anderen Kriterien.

Der Käufer sucht nach allen möglichen Risiken und wenn er sie dann findet, läuft das Taxameter nur in eine Richtung – und die heißt: abwärts! Ich hoffe, dass Ihnen die Dringlichkeit einer optimalen Vorbereitung, insbesondere der Aufdeckung von möglichen Käuferrisiken, bewusst wird.

Sie sollten sich darüber im Klaren sein: Fehler in der Vorbereitung sind immer mit einem Preisabschlag beziehungsweise mit einem Verhandlungsabbruch verbunden!

Kommen wir nun zu den möglichen Risikofaktoren in Ihrer Firma. Dazu ist es erforderlich, dass man die Hauptpunkte, wie z. B. allgemeine Fragen, Kunden- und Mitarbeiterstruktur und Sie als Inhaber auf mögliche Risikofaktoren überprüft.

Ein Selbsttest

Zu den wichtigen allgemeinen Fragen gehört zum Beispiel: Gibt es Genehmigungen oder Verträge mit Kunden oder Lieferanten, die an Ihre Person gebunden sind?

Die Klärung dieses Sachverhaltes ist von elementarer Bedeutung! Ich habe es in meiner Praxis schon erlebt, dass der Verkauf einer Firma gescheitert ist, weil eine Genehmigung vonseiten eines wichtigen Händlers nicht vorlag beziehungsweise der Händler nicht bereit war, dem neuen Inhaber eine Genehmigung zu erteilen. Dieser Punkt wird oft mit einem »Da werden wir schon eine Lösung finden« abgetan. Ich kann davor nur warnen!

Risikofaktor Kundenstruktur

Das Thema Kundenstruktur ist von großer Bedeutung, wenn Sie im Geschäftskundenbereich (b2b) tätig sind. Hier sind folgende Punkte als kritisch anzusehen: Umsatz-Abhängigkeit von einem oder einer geringen Anzahl von Kunden.

Was auf den ersten Blick positiv aussieht »Wir arbeiten schon seit Jahren mit der Firma zuverlässig zusammen«, wird auf den zweiten Blick negativ ausgelegt. Die Frage »Was passiert, wenn dieser Kunde wegfällt?« kommt mit 100 % Sicherheit. Eine positive Antwort ist mir bisher noch nicht untergekommen.

Konkret: Sollten Sie mit max. 25 % Ihrer Kunden 50 % Ihres Umsatzes generieren, ist dies ein Risiko, das nur sehr wenige Käufer eingehen werden! Es sei denn, Ihr Kunde steht in einem Abhängigkeitsverhältnis zu Ihnen.

Auch in der Frage »Wie viele Kunden haben Sie in den letzten zwei Jahren verloren?« liegt viel Brisanz. Dies zeigt unter Umständen, dass Ihre Kunden mit Ihrer Leistung nicht zufrieden waren!

Haben Sie sich schon einmal überlegt, warum Ihre Kunden bei Ihnen kaufen? Da es heute bis auf wenige Ausnahmen keine

Stammkunden mehr gibt, sollten Sie auf die Frage »Was machen Sie besser als Ihre Mitbewerber?« eine klare Antwort haben!

Risikofaktor Marktentwicklung
Wie schätzen Sie die Marktentwicklung für die nächsten 2 - 3 Jahre ein?

Wenn Sie ein Existenzgründer nach Ihrer Markteinschätzung fragt, können Sie davon ausgehen, dass Ihr Gesprächspartner sich über das Internet bestens informiert hat. Daher ist eine objektive Einschätzung der Marktentwicklung aus Ihrer Sicht von zentraler Bedeutung.

Risikofaktor Personal
Wie sieht die Altersstruktur in Ihrer Firma aus? Im Zuge der demografischen Entwicklung ist dieses Thema ein ausschlaggebender Faktor. Wie viele Ihrer Mitarbeiter gehen in den nächsten 3 - 5 Jahren in den Ruhestand? Ihr Unternehmen ist unverkäuflich, sollte das auf einen großen Anteil Ihrer Mitarbeiter zutreffen!

Wie sieht der Krankenstand in Ihrer Firma aus? Die Frage nach dem Krankenstand lässt unmittelbar auf das Betriebsklima schließen. Hier gilt: Ein hoher Krankenstand ist Indiz für Demotivation und Abwanderungsgedanken. Ein neuer Inhaber würde diesen Prozess nur noch verstärken.

Wie sieht die Kündigungsquote in Ihrer Firma aus? Dieser Punkt ist im Prinzip das Ergebnis eines hohen Krankenstandes. Ein Unternehmen mit einer Kündigungsquote von mehr als 20 % ist nur in bestimmten Branchensegmenten zu verkaufen!
Wie sieht es mit dem Thema Mitarbeiter-Know-how aus? Das Thema wird immer mit einer weiteren Frage verknüpft: »Wie viele Know-how-Träger sind im Unternehmen, und wie können diese Leistungsträger an das Unternehmen gebunden werden?«

Sie, der Inhaber als Risikofaktor
Welchen Führungsstil pflegen Sie? Gibt es in Ihrer Firma eine klare Aufgabenverteilung?

Es sind wie immer die einfachen Fragen eines Interessenten, die einen in Verlegenheit bringen können. Die Antwort auf die Frage »Können Sie vierzehn Tage ohne Bedenken in Urlaub fahren?« hat schon so manchen Verkauf zum Scheitern gebracht.

Wer ist für die Kundenbetreuung in Ihrer Firma zuständig? Auch dieser Punkt kann sich zum K.-o.-Faktor entwickeln. Kundenbeziehungen, die auf den persönlichen Kontakt des Inhabers aufbauen, sind ein Risiko, bei dem jeder Kaufinteressent im Geiste »nein, danke« sagt. Versäumen Sie es als Inhaber nicht, Ihre persönlichen Kundenkontakte frühzeitig in Mitarbeiterhände zu übergeben.

Wie viel Zeit haben Sie für den Verkauf und für die Übergabe Ihrer Firma eingeplant? Der Verkauf einer Firma ist eine Sache, die Übergabe eine andere. Hier gilt ein ungeschriebenes Gesetz: Ein Verkauf ohne eine garantierte Einarbeitung findet nicht statt. Je besser die Vorbereitung und Planung, umso schneller die Übergabe.

Risikofaktor betriebswirtschaftliche Kennzahlen
Spätestens jetzt wird jede betriebswirtschaftliche Kennzahl von einem Kaufinteressenten einer Prüfung unterzogen. Es kommt häufig vor, dass ein Kaufinteressent diese Aufgabe von einem Steuerberater oder Wirtschaftsprüfer vornehmen lässt. In einzelnen Fällen wird der Käufer bitten, die Unterlagen zur Prüfung mitnehmen zu dürfen. Unabhängig davon sollten Sie, falls nicht schon geschehen, alle Kosten in Ihrer Bilanz, die Sie unter dem Punkt „nicht betriebsnotwendige Ausgaben" deklariert haben, anhand der Summen- und Saldenliste 1:1 offenlegen. Dass Sie in dem Moment ein gewisses Risiko eingehen, muss Ihnen klar sein!

In der gewissenhaften Vorbereitung des zweiten Termins liegt der Erfolgsschlüssel schlechthin.
Der Kaufinteressent wird aufgrund dieses Gespräches eine grundlegende Kaufentscheidung treffen. Im Zusammenhang mit dem Komplex Risikoermittlung möchte ich Sie schon einmal auf den Fragenkatalog im Kapitel 6 hinweisen. Meine Empfehlung: Beantworten Sie jede Frage wahrheitsgemäß. Ein Schönreden oder Schöndenken macht überhaupt keinen Sinn. **Gehen Sie davon aus, dass der Kaufinteressent jede Leiche im Keller finden wird.** Sollten Sie bei einer Beantwortung des Fragenkataloges feststellen, dass noch einiges im Unreinen ist, dann müssen Sie diese Punkte zuerst korrigieren und erst danach mit dem Verkaufsprozess starten!

Das Kaufmotiv des Käufers

Kommen wir zum nächsten Punkt: Dem Kaufmotiv des Käufers. So wie jeder Firmeninhaber ein Motiv hat, seine Firma zu verkaufen, hat auch der Käufer ein Motiv, das ihn antreibt. Wenn wir von einem Käufermotiv reden, dann reden wir von demselben limbischen System, das auch den Verkäufer unbewusst zu seiner Entscheidung führt. Es geht nur darum, sich die Sichtweise oder besser gesagt das Entscheidungszentrum des Käufers vor Augen zu führen. Hier gilt die einfache Regel:

Tipp! Kein Mensch kauft sich einen Porsche, nur um Auto zu fahren! Genauso wenig kauft jemand eine Firma, nur um Geld zu verdienen.

Die wahren Motive sind z. B.: Wunsch nach Anerkennung, Macht- und/oder Geltungsbedürfnis sowie das Streben nach Selbstverwirklichung.

Diese Erkenntnis bedeutet: Wenn Sie es schaffen, das Kaufmotiv des Interessenten anzusprechen, erhöhen sich Ihre Erfolgsaussichten um ein Vielfaches. Wenn Sie hingegen das emotionale

Kaufmotiv des Käufers nicht ansprechen, sind alle Verhandlungen wertlos! So einfach ist das!

Im Grunde genommen gibt es drei (Haupt-)Motive, die jeden Menschen zu einer Handlung antreiben:
- **Was verschafft mir Macht?**
- **Was verschafft mir Sicherheit?**
- **Was verschafft mir neue Reize?**

Daneben existieren noch die Grundbedürfnisse: Essen, Schlaf und Sex.

Die Konsequenz:
- Seien Sie sich der emotionalen Brisanz der Kaufverhandlungen bewusst.
- Es geht nicht ums Geldverdienen. Geldverdienen ist immer das Pseudo-Motiv!
- Lokalisieren Sie die individuellen Kaufmotive des Käufers.
- Sprechen Sie das Haupt-Motiv an. Obwohl alle drei Motive angesprochen werden, gibt es fast immer ein Haupt-Motiv, das den Käufer antreibt.

Ich gehe davon aus, dass Sie ansonsten mit den Ritualen normaler Verkaufsverhandlung vertraut sind. Bei näherer Betrachtung ist eine Verkaufsverhandlung mit einer Sinuswelle identisch: Nach einem Verhandlungs-Tief folgt ein Verhandlungshoch – oder der Verhandlungsabbruch. Kalkulieren Sie das ein!

Wenn Sie bisher alles richtig gemacht haben, dann gibt es keinen triftigen Grund, Ihr Unternehmen unter Wert zu verkaufen.

Im Grunde genommen dreht sich vermeintlich alles nur um eins: den Kaufpreis, was aber – wie wir nun wissen – zweitrangig ist.

Was Sie bei der Kaufpreisfindung berücksichtigen sollten:
- Kalkulieren Sie einen Preispuffer ein. Die Höhe des Puffers sollte unter der Voraussetzung, dass bei Ihnen alles im grünen Bereich ist, maximal 10 % betragen. Ich betone deshalb 10 %, weil jede höhere Prozentzahl Ihr ursprüngliches Preisangebot unseriös aussehen lässt.
- Ich garantiere Ihnen, dass ein höheres Entgegenkommen weitere Preisverhandlungen nach sich zieht. Auch aus diesem Grund ist eine realistische Einschätzung des Kaufpreises extrem wichtig.
- Der Käufer muss um den Preisnachlass kämpfen! Eine Preisverhandlung, die aus der Sicht des Käufers zu leicht läuft, weckt augenblicklich Skepsis und führt immer zu weiteren Preisverhandlungen. Sie müssen derjenige sein, der die Preisverhandlungen beendet!
- Glauben Sie mir, ein freundliches, aber bestimmtes »Nein, jetzt ist Schluss« hat noch keinen ernsthaften Interessenten vom Verhandlungstisch verscheucht. Das Gegenteil ist der Fall!

Spezial-Verhandlungstaktiken
Bevor wir uns aber mit dem weiteren Verlauf der Verhandlungen beschäftigen, möchte ich zwei Käufer-Spezies beschreiben, die durch teilweise sehr ungewöhnliche Strategien auffallen.

Strategie: »Gut Freund«
Mit dieser Vorgehensweise zielt der Käufer darauf ab, Sie in Sicherheit zu wiegen. Dies bedeutet, es finden nahezu keine Preisverhandlungen statt und überdies: Alles ist easy, kein Problem! Mit dieser Vorgehensweise erwischt Sie der Käufer mit »voller Breitseite!«
- Sie sind begeistert: »Was für ein toller Typ.«

- Sie sind glücklich »Ich brauchte überhaupt nicht zu handeln.«
- Sie planen bereits die Zeit danach »Als Erstes mache ich Urlaub.«

Seien Sie auf der Hut. Dieser Käufertyp plant jeden seiner Schritte. Er versetzt Sie mit seiner positiven Erscheinungsweise in eine ebenfalls positive Erwartungshaltung. Um fünf vor zwölf – sehr häufig einen (!) Tag vor dem Notartermin – endet dieses freundliche Miteinander, indem er verkündet: »Ich habe mir das Ganze noch einmal überlegt. Ich bin zu dem Entschluss gekommen, der Preis ist viel zu hoch!«

Sie haben nun zwei Möglichkeiten.
- 1. Sie brechen die Verhandlungen sofort ab. Ihr Tenor: »Der Typ soll mir nicht mehr unter die Augen kommen.«
- 2. Sie steigen auf das zweite – viel niedrigere – Angebot ein. Begründung: »Ich habe die Koffer praktisch schon gepackt und habe keine Lust, diesen Prozess noch einmal durchzuziehen.«

Aus der Praxis: Ein Mandant, der nach seinem gescheiterten Erstversuch im zweiten Anlauf meine Hilfe in Anspruch genommen hatte, berichtete mir, dass der Käufer beim Notartermin aus heiterem Himmel den Preis ohne Angabe von Gründen um die Hälfte senken wollte! Mein Mandant brach daraufhin die Verhandlungen ab.

Wenn jemand ohne (ernsthafte) Preisverhandlungen Ihre Preisvorstellung akzeptiert und auch ansonsten alles im Lot ist, dann rate ich zur Vorsicht. In solch einem Fall empfehle ich einen Vorvertrag. In diesem Vertrag müssen alle relevanten Daten erfasst sein. Zum Beispiel, dass der Kaufpreis an bestimmte Bedingungen geknüpft ist, die Käufer und Verkäufer gemeinsam erarbeiten. Dafür wird dem Käufer ein zeitlich befristetes Vorkaufsrecht eingeräumt. Als Gegenleistung verpflichtet sich der Käufer zu einer Vertragsstrafe, falls er das Unternehmen nicht kauft!

Strategie: »Ein Versuch ist nicht strafbar.«
Kommen wir nun zum zweiten Ausnahme-Käufer-Typ. Sie können hier folgendes Muster beobachten: Der Kaufinteressent bringt zu dem vereinbarten zweiten Termin einen guten Bekannten mit, der über profunde Kenntnisse verfügt, wenn es um Firmenbewertungen geht.

Nach dem üblichen Begrüßungsritual übernimmt der gute Bekannte die Gesprächsführung und kommt unmittelbar auf den Punkt: den Kaufpreis.

Also kein Vorgeplänkel, sondern sofort Frontalangriff! Meistens erfolgt dieses Gespräch nach folgendem Muster:
- »Also, ich habe mir Ihre Zahlen angesehen.«
- »Und?«
- »Der Preis, den Sie für Ihre Firma haben wollen, ist viel zu hoch.«
- »Wie begründen Sie das?«
- »Es gibt extrem viele Unwägbarkeiten, die ein großes Risiko darstellen.

Aus diesem Grund ist der Kaufpreis in der Höhe nicht darstellbar. Wenn ich an der Stelle meines Freundes (des Käufers) wäre, würde ich maximal die Hälfte des Preises bezahlen.«
»Das kommt überhaupt nicht infrage!«

Soweit die Kurzbeschreibung dieser Taktik. Wir haben es hier im Grunde genommen mit einer Variante des Spiels »good boy – bad boy« zu tun. Der (gute) Käufer wäscht seine Hände in Unschuld, indem er den (bösen) Freund als Vorgruppe auf die Verhandlungsbühne schickt.

Diese Strategie verfolgt zwei Ziele.
- 1. Der Käufer will – aus seiner Sicht verständlich – den geringstmöglichen Preis bezahlen und sehen, wie Sie auf diese

Finte reagieren. Im günstigsten Fall kommt er mit dieser Taktik durch!

- 2. Mit der Nennung eines niedrigen Preises setzt der Käufer einen (niedrigen!) Preisanker beim Verkäufer. Demzufolge wird der Firmeninhaber jede Preiserhöhung – und sei sie auch noch so gering – als eine Verbesserung ansehen.

Wie Sie erkennen können, hat dieses Vorgehen für den Käufer nur Vorteile.

Aber auch hier haben Sie zwei Möglichkeiten, wie Sie reagieren können:
- 1. Ihr Blutdruck geht durch die Decke und Sie brechen die Verhandlungen sofort ab.
- 2. Sie bleiben gelassen und geben Ihrem Gesprächspartner zu verstehen, dass Sie seiner Einschätzung nicht folgen können.

Was dann passiert ist in vielen Fällen eine Argumentation, die nicht auf Fakten aufbaut, sondern auf Vermutungen. Es werden z. B. Horrorszenarien aufgezählt, die mit der Realität nichts zu tun haben (»Und wenn morgen 50 % aller Kunden wegbrechen?«).

Diese Diskussion können Sie schnell beenden, indem Sie auf diese Argumente überhaupt nicht eingehen und stattdessen die Verhandlungen als beendet erklären. Spätestens jetzt meldet sich auch wieder der Käufer zu Wort. In 99 % aller Fälle folgt dann der Satz »Sie müssen auch für meine Situation Verständnis haben, aber lassen Sie uns über das Ganze noch einmal reden.«

Der Versuch, den Kaufpreis um die Hälfte zu senken, ist nicht strafbar. Sie würden vielleicht genau so handeln.

Zeigen Sie Profil. Je gelassener Sie darauf reagieren, desto stärker wird Ihre Position! Als Zeitfenster für den zweiten Termin sollten Sie 4 – 5 Stunden einplanen. Bitte bedenken Sie: Ein Gespräch über diesen Zeitraum ist Schwerstarbeit. Ihre volle Konzentration ist für solch ein Gespräch die Grundvoraussetzung. Sollten Sie also angeschlagen sein, z. B. durch eine Erkältung, verschieben Sie den Termin.

Der Teufel steckt im Detail
Fassen wir noch einmal zusammen. Die bisherigen Verhandlungen zeigen, dass der Kaufinteressent weiterhin an einem Kauf Ihrer Firma interessiert ist!

Die Absichtserklärung (LOI – Letter of intent)
Wenn sich an dieser Stelle Verkäufer und Käufer weitestgehend einig sind, wird sehr häufig eine Absichtserklärung vereinbart. In Fachkreisen spricht man von einem LOI, einem Letter of intent.

Zuerst das Negative: Die Absichtserklärung ist rechtlich unverbindlich! Die Parteien werden sich aber durch ihre Unterschrift unter solch einem Dokument der Bedeutung der Transaktion viel bewusster. Eine Kaufabsichtserklärung kann z. B. folgende Punkte enthalten:

- eine Exklusivitätsklausel für den Käufer
- Zusammenfassung der Gesprächsergebnisse
- Nennung und Zeiterfassung für die noch zu beantwortenden Punkte
- Herausgabe von Dokumenten, die bisher nur anonymisiert vorlagen
- Beendigungsgründe für die laufenden Verhandlungen

Tipp! Ein LOI ist eine Art Verlobung. Aber es ist wie im richtigen Leben, ob es zu einer Hochzeit kommt, steht noch nicht fest!

Damit der Käufer nun auf die Zielgerade einbiegen kann, will er die bisher gemachten Aussagen prüfen und bewerten. Nun, was heißt das? Prüfen und bewerten bedeutet nichts anderes, als dass jetzt zu allen Punkten, wie sie im LOI verfasst wurden, belastbare Unterlagen auf den Tisch kommen. Der Kaufinteressent möchte Ihre Firma live kennenlernen. Konkret: Er verlangt unter Umständen den Einblick in Ihr Tagesgeschäft. Stichwort: Transparenz!

Für dieses Prozedere gibt es wieder zwei Möglichkeiten der Umsetzung:

- 1. Sie teilen Ihren Mitarbeitern mit, dass Sie Ihre Firma verkaufen wollen und präsentieren den Interessenten schon als Käufer. Risiko: Was machen Sie, wenn der Kauf, aus welchen Gründen auch immer, doch nicht stattfindet.
- 2. Da Sie keine unkalkulierbare Stimmung in Ihrer Belegschaft haben wollen, präsentieren Sie den Kaufinteressenten als Unternehmensberater.

Risiko: Sie, wie auch der Kaufinteressent, müssen sich zu jeder Zeit dieser Rolle bewusst sein. Gelangt ein falsches Wort zum falschen Zeitpunkt in das falsche Ohr, kann das ungeahnte Folgen haben.

Beschäftigen wir uns nun mit der Endphase (in Fachkreisen spricht man von der von mir bereits angesprochenen Due-Diligence-Prüfung).

Jeder Käufer, der bis hierhergekommen ist, will nun Einsicht in alle Geschäftsbereiche, die von Relevanz sind. Dies schließt z. B. ein, dass Sie alle bisher anonymisierten Unterlagen mit Ross und Reiter benennen müssen, wie z. B.:

- detaillierte Umsatz- und Ertragszahlen Ihrer Kunden
- detaillierte Umsatzentwicklung Ihrer Lieferanten
- eine namentliche Mitarbeiterliste
- bei Kapitalgesellschaften: Einsicht in die Gesellschafter- und Darlehnsverträge
- bei Vermietung: Kopie des Mietvertrages
- Zeitwert des Anlagevermögens
- Auflistung des Fuhrparks (Alter, km-Leistung, Verkehrswert

- aktuelle Waren-/Lagerbestandsliste
- bei Immobilienverkauf: ein aktuelles Wertgutachten
- Kopien von Service-, Lieferanten- und Leasingverträgen

Aus der Sichtung der Unterlagen wird sich für den Käufer die eine oder andere Frage auftun. Bei größeren Transaktionen ist es üblich, dass der Käufer diese Aufgabe von einem Spezialisten vornehmen lässt.

Ich erlebe es immer wieder, dass an dieser Stelle die Geduld des Verkäufers strapaziert wird und er teilweise konsterniert die Ernsthaftigkeit des Käufers infrage stellt. Getreu dem Motto: »Darüber haben wir doch schon wiederholt gesprochen.« In dieser Situation sollten Sie sich folgende Tatsachen vor Augen halten:

Behandeln Sie den Käufer und das von ihm aufgezeigte Problem getrennt voneinander.
Fakt ist: Der Kaufinteressent, der bis hierhergekommen ist, will Ihre Firma kaufen. Das von Ihnen als Problem geäußerte Verhalten (das haben wir doch schon alles geklärt) beruht auf Ihren subjektiven und emotionalen Einschätzungen, die – und das muss Ihnen klar sein – für den Käufer irrelevant sind. Aus dieser Tatsache leitet sich der nächste Punkt ab.

Konzentrieren Sie sich auf gemeinsame Interessen und nicht auf unterschiedliche Positionen. Da das gemeinsame Ziel eine reibungslose Firmenübergabe ist, sollten Sie alles diesem Ziel unterordnen. Konkret: Wenn der Käufer noch Fragen hat, beantworten Sie die Fragen einfach, ohne zu lamentieren. Jede Diskussion um Positionen, die Sie jetzt führen, gefährdet Ihren Erfolg.

Der Kaufvertrag

Glückwunsch, Sie haben es fast geschafft. Alle Punkte sind für Sie und den Käufer geklärt. Was jetzt noch fehlt, sind die Vertragsbedingungen, die an einen Kauf geknüpft werden.

Dieses Szenario beinhaltet folgende Maßnahmen:
Käufer und Verkäufer erstellen ein Arbeitsblatt, das alle relevanten Punkte enthält, die im Vertrag Berücksichtigung finden sollen. In Einzelfällen kann es sinnvoll sein, dass bei diesem Gespräch auch die Anwälte der Parteien dabei sind. Dies muss im Einzelfall individuell entschieden werden.

- Der Käufer lässt einen Vertragsentwurf durch seinen Anwalt anfertigen.
- Der Verkäufer wiederum lässt diesen korrigierten Vertragsentwurf noch einmal durch seinen Anwalt prüfen.
- Beide Parteien erhalten den finalen Vertrag.
- Es wird ein Notartermin vereinbart.

Es sollte Einigkeit darüber bestehen, dass eine Schlüsselübergabe erst dann stattfindet, wenn die »Tinte unter dem Vertrag trocken ist«. Jedes andere Szenario birgt für beide Parteien unkalkulierbare Risiken. Dieser Hinweis ist aus folgendem Grund wichtig: Sollte der Käufer, ob Existenzgründer oder Unternehmer, den Kaufpreis mit Unterstützung einer Bank finanzieren, müssen Sie für dieses Prozedere im Normalfall zwischen 1 - 3 Monate einkalkulieren! Ich habe schon Finanzierungsgespräche erlebt, die sich über fünf Monate (!) hingezogen haben. Ich verzichte ganz bewusst darauf, Ihnen ein Vertragsmuster an die Hand zu geben. Begründung: Es gibt kein Kaufvertragsmuster, welches Sie 1:1 übernehmen können!

Hier ist die Hilfe eines Anwaltes, der auf Vertragsrecht spezialisiert ist, eine lohnende Investition. Im Folgenden weise ich aber auf einige Punkte hin, die Bestandteil eines Kaufvertrages sind.

- Verkaufsoptionen
- Zahlungsmodalität
- Allgemeine Vertragsbedingungen

Der Bereich Verkaufsoptionen ist neben den Zahlungsmodalitäten für den Käufer der wichtigste Punkt des Kaufvertrages. Ich werde Ihnen die wichtigsten Verkaufsoptionen vorstellen und die jeweiligen Vor- und Nachteile darlegen.

Die Verkaufsoptionen: Asset-Deal-Teilverkauf

Der Kauf des Unternehmens geschieht dabei durch den Erwerb sämtlicher oder einzelner Wirtschaftsgüter des Unternehmens. Es werden alle Forderungen und Verbindlichkeiten und die Wirtschaftsgüter eines Unternehmens wie z. B. Grundstücke, Gebäude, Maschinen etc. einzeln übertragen. Ein Asset-Deal wird häufig bei kleinen mittelständischen Unternehmen, die als Personengesellschaft geführt werden, angewendet.

Vorteile für den Verkäufer:
- Hoher steuerlicher Vorteil, wenn der Verkäufer über 55 Jahre ist.

Vorteile für den Käufer:
- Einzelne Wirtschaftsgüter können selektiert gekauft werden.
- Hohe Abschreibungsmöglichkeiten und dadurch eine geringere steuerliche Belastung in den Folgejahren
- Für Altverbindlichkeiten haftet der Verkäufer.

Die Verkaufsoptionen: Share-Deal-Kauf von Geschäftsanteilen

Hierbei erwirbt der Käufer das komplett zum Verkauf stehende Unternehmen beziehungsweise die zum Verkauf stehenden Geschäftsanteile. Ein Share-Deal findet in der Regel bei Kapitalgesellschaften Anwendung. In diesem Beispiel gehe ich davon aus, dass eine 100 %ige Übernahme angestrebt wird.

Vorteile für den Verkäufer:
- Das gesamte Unternehmen wird gekauft. Es müssen keine einzelnen Wirtschaftsgüter übertragen werden

Vorteile für den Käufer:
- Alle Verträge (Kunden, Lieferanten und Dienstleister) gehen ohne Neuverhandlungen 1:1 auf den Käufer über. (Ausgenommen sind Verträge, die an die Person des Verkäufers gebunden sind.).

Die Verkaufsoptionen: Earn-Out-Teilzahlung

Eine Earn-Out-Klausel ist eine Art »Ratenzahlung«. Dies bedeutet, dass weitere Zahlungen des Kaufpreises erfolgsabhängig oder in festen Raten zu einem definierten Zeitraum geleistet werden.

Eine Teilzahlungsvereinbarung kann sowohl bei einem Asset-Deal als auch bei einem Share-Deal vereinbart werden.

Dies ist z. B. von den Kriterien abhängig, wie sie im Folgenden unter dem Punkt – Kaufpreis und Zahlungsmodalitäten – besprochen werden. Darüber hinaus ist es selbstverständlich immer eine Sache der Verhandlungsbereitschaft unter den Parteien, hier zu einer einvernehmlichen Lösung zu kommen.

Die Höhe des Kaufpreises und die damit verbundenen Zahlungsmodalitäten sind, wie schon mehrfach dargelegt, abhängig davon, welches Gewinn- und Risikopotenzial das Unternehmen hat.

Zahlungsmodalitäten

Zahlung des Kaufpreises bei Vertragsunterzeichnung. Gratulation! Der Kaufpreis ist marktgerecht und es gibt keine nennenswerten Risiken für einen Käufer. Aufgrund Ihrer Vorbereitung haben Sie sehr gute Chancen, für Ihr Unternehmen einen Käufer zu finden. Der Käufer wird auch bereit sein, den geforderten Preis zu bezahlen. Kurz und gut: Ihre Firma ist ein Objekt der Begierde für jeden Kaufinteressenten. Die Erfolgschancen liegen über 75 %.

Größere Anzahlung, Rest in Raten
Ihr Unternehmen ist einigermaßen profitabel, besitzt jedoch echtes Zukunftspotenzial.

Risiken sind zwar vorhanden, aber nicht spielentscheidend. Sie können, wenn Sie Glück haben, mit einer größeren Anzahlung rechnen. Die Restsumme wird in Raten gezahlt. Die Erfolgschancen liegen bei max. 20 %.

Kleine Anzahlung, Rest in Raten
Da Ihr Unternehmen erhebliches Risikopotenzial besitzt, wird, wenn überhaupt, eine kleine Anzahlung getätigt und die Zahlung der Restsumme vom Erreichen bestimmter Umsatzziele abhängig gemacht. Die Erfolgschancen liegen unter 5 %.

Anhand dieser Bewertung können Sie selber einschätzen, »wo die Reise für Sie hingehen wird«.Diese Einschätzung soll Ihnen dabei helfen, einen realistischen Bezug zu Ihrer Firma und damit zur Verkaufbarkeit zu finden.

Wichtig! Ich erhebe nicht den Anspruch, dass alles in »Stein gemeißelt« ist. Soll heißen: Es gibt Fälle, bei denen trotz einer schlechten Bewertung ein Verkauf stattfinden kann. Auf so etwas sollten Sie sich aber nicht verlassen.
Tipp! Im Zweifel sollten Sie sich professionelle Hilfe holen. Dies ist umso dringlicher, wenn Sie den Erlös aus dem Verkauf für Ihre Altersversorgung eingeplant haben. Ganz eng mit den Kriterien Kaufpreis und Zahlungsmodalität ist der Punkt Einarbeitung verbunden.

Hier gelten folgende Regeln:
- Keine Firmenübergabe ohne eine ausreichende Übergabezeit!
- je dominanter Sie in Ihrem Unternehmen agiert haben, umso länger müssen Sie dem neuen Inhaber zur Seite stehen. Es ist durchaus üblich, einen Teil des Kaufpreises als Sicherheitspuffer einzubehalten.

Damit soll verhindert werden, dass Sie sich nach 14 Tagen in die Karibik absetzen und der neue Inhaber allein dasteht.
- Je größer das Käufer-Risiko, desto intensiver ist Ihre Mitarbeit während der Einarbeitungsphase gefordert.
- Planen Sie zwischen 3 und 12 Monate für die Einarbeitungsphase ein.

Im günstigsten Fall ist die Übergabe nach 2 bis 3 Monaten erledigt.

Ein Wort zum Thema Entlohnung während der Einarbeitungsphase. Das ist schlicht und ergreifend Verhandlungssache. Sie haben selbstverständlich viel bessere Karten, wenn Sie der Inhaber eines Top-Unternehmens sind. In solch einem Fall wird Ihre Mitarbeit in der Regel nach Tagessätzen abgerechnet.

Das Beste wie immer zum Schluss: Wenn alles unter Dach und Fach ist, vergessen Sie das Feiern nicht! Freuen Sie sich auf Ihren neuen Lebensabschnitt!

Kapitel 5

Zusammenfassung

Nachfolge-Checkliste

Die Empfehlungen in diesem Buch erheben nicht den Anspruch, für jeden Unternehmer universell einsetzbar zu sein.

Sollte der Eindruck entstehen, dass dieses Buch eine Pro-Berater-Position einnimmt, kann ich Ihnen nur eins sagen: »Ja, das stimmt!«

Zum einen bin ich Berater aus Überzeugung und zum anderen zeigt die Praxis eindeutig: Überall da, wo ein professioneller und seriöser Berater den Verkaufsprozess begleitet, steigen die Erfolgschancen um ein Vielfaches. Damit möchte ich aber den Werbeblock in diesem Buch beenden.

Anhand der hier aufgeführten Nachfolge-Checkliste können Sie im Überblick noch einmal sehen, welche Anforderungen Sie erfüllen müssen, damit Sie am Ende des Tages als Sieger vom Platz gehen.

Nachfolge-Checkliste

Dieser Nachfolge-Check arbeitet nach dem Kriterium: Was passiert, wenn Sie einem Schritt nicht genügend Beachtung schenken?

Prüfen Sie Ihr wahres emotionales Verkaufsmotiv.

Viele (Verkaufs-)Motive erfolgen aus emotionalen Beweggründen, weil sich die geschäftliche Situation verschlechtert hat.

Sollte Ihre Firma in den letzten 2 - 3 Jahren sinkende Umsätze und Gewinne ausweisen, ist ein Verkauf fast unmöglich. Empfehlung: Holen Sie sich professionelle Hilfe.

Nehmen Sie Kontakt zu dem für Sie zuständigen Berufsverband auf oder nehmen Sie die Hilfe eines seriösen Beraters in Anspruch.

Klären Sie: »Wie wichtig ist mir die Bewahrung meiner Anonymität?«
Der Verlust Ihrer Anonymität kann weitreichende Folgen haben. Im schlimmsten Falle kann es zu folgendem Szenario kommen: Sie finden keinen Käufer! Darüber hinaus hat ein Teil Ihrer Mitarbeiter und ein Teil Ihrer Kunden Ihnen zwischenzeitlich die Zusammenarbeit aufgekündigt!

Entscheiden Sie sich, ob Sie Ihre Firma im Alleingang verkaufen wollen oder mit der Unterstützung eines Beraters/Firmenmaklers.
Entscheiden Sie objektiv und kritisch, ob Sie den Verkaufsprozess alleine bewältigen können. Sollten Sie einen Berater zu Hilfe nehmen, prüfen Sie seine Seriosität und seine Honorarforderungen.

Wichtig! Sollten Sie mit einem Berater zusammenarbeiten, übernimmt dieser von hier ab alle Aufgaben. Ansonsten müssen diese Aufgaben von Ihnen in Eigenregie getätigt werden.

Berechnen Sie einen Preiskorridor für Ihre Firma.
Preisangaben, die nicht durch Fakten belegt werden, sind ein absoluter K.-o.-Faktor. Sollte sich bei der ersten Überprüfung herausstellen, dass Ihre Vorstellung jenseits von »gut und böse« ist, sind die Verhandlungen sofort beendet beziehungsweise die Verhandlungen nehmen einen Verlauf, den Sie nicht schadlos überstehen.

Prüfen Sie, ob Ihre Firma übernahmewürdig ist.
Eine Firma mit weniger als 50.000 € (EBIT) findet nur sehr schwer einen Käufer. Die Gefahr, dass Sie viel Arbeit investieren und trotzdem keinen Käufer finden, ist sehr groß.

Durchleuchten Sie Ihre Firma nach möglichen Risiken, die einen Käufer abschrecken könnten.
Diese Aufgabe sollten Sie sehr gewissenhaft vornehmen. Alles, was Sie im Vorfeld übersehen, haut Ihnen der Kaufinteressent zu einem späteren Zeitpunkt um die Ohren.

Bereiten Sie alle relevanten Unternehmensunterlagen so vor, dass diese griffbereit auf Wunsch vorgelegt werden können.
Der Verhandlungskiller schlechthin: Fehlende Unterlagen vermitteln dem Käufer nur eins: Sie sind nicht vorbereitet! Somit verlieren Sie das dringend benötigte Vertrauen des Käufers.

Klären Sie mit Ihrem Steuerberater, mit welcher Steuerbelastung Sie bei einem Verkauf rechnen müssen.
1 - 2 Prozent mehr Steuern können im Ergebnis sehr viel ausmachen und damit Ihre Kalkulation »für die Zeit danach« erheblich beeinflussen.

Erstellen Sie ein Kurz- und ein Lang-Exposé über Ihre Firma.
Ohne ein aussagefähiges Exposé verzögern sich die Verhandlungen. Strategische Käufer (Unternehmen) führen erst gar kein Gespräch mit Ihnen, sollte kein detailliertes Exposé vorliegen.

Legen Sie einen Zeitplan fest.
Ein Unternehmensverkauf ist kein »Kegelausflug«! Bedenken Sie alle Faktoren, die an ein Zeitfenster gebunden sind. Unnötige Verzögerungen sind der Nährboden für ein Scheitern der Verkaufsverhandlungen, weil das Interesse des Käufers schwindet.

Leiten Sie die nötigen Schritte ein, um Kaufinteressenten anzusprechen.
Sie müssen in die »Käufer-Akquise« einsteigen. Ohne Akquisition keine Käufer. So einfach ist das.

Qualifizieren Sie jeden Kaufinteressenten.
Prüfen Sie die Ernsthaftigkeit und die Bonität des Interessenten. Alles andere kostet nur Zeit und damit Geld.

Bereiten Sie sich auf den ersten Kontakt mit einem Kaufinteressenten vor.
Der erste Eindruck zählt. Achten Sie auf das »Äußere« Ihrer Firma.

Legen Sie sich eine Verhandlungstaktik zurecht.
Wenn Sie ein starres Ziel vor Augen haben, verlieren Sie vielleicht den Blick für interessante Alternativen.

Erfassen Sie alle bisher gemachten Eindrücke und leiten Sie daraus Ihre weitere Strategie ab.
Betrachten Sie die Person als Neutrum. Konzentrieren Sie sich auf gemeinsame Ziele. Wenn Sie Ihre Maßstäbe als Messlatte anlegen, kommen Sie nur selten zu einem Konsens.

Reduzieren Sie Ihre Erwartungshaltung.
Kalkulieren Sie ein, dass ein großer Teil der Verhandlungen im Sand verläuft. Vermeiden Sie jede Art von »Nervosität und Ungeduld«, beide Punkte werden Ihnen als Schwäche ausgelegt.

Bleiben Sie bis zum Ende wachsam.
Bedenken Sie bitte: Eine Absichtserklärung ist keine Kaufverpflichtung.

Seien Sie daher realistisch:
Erst wenn der Vertrag unterschrieben und das Geld auf Ihrem Konto ist, sind Sie am Ziel. Kalkulieren Sie nicht mit Geldern, die Sie noch nicht haben.

Steuerbelastung und Steuerfreibeträge
Verkauf eines Einzelunternehmens / Personengesellschaft
Bei dieser Art der Veräußerung erzielt der Inhaber einen Veräußerungsgewinn.
- In dem Fall unterliegt der Gewinn der Einkommensteuer.
- Des Weiteren müssen stille Reserven aufgedeckt und ebenfalls versteuert werden.

Der Veräußerungsgewinn wird folgendermaßen berechnet:
- Kaufpreis – minus Veräußerungskosten (z. B. Notar, Werbungskosten, Makler) – minus Buchwert (Der Buchwert entspricht im Wesentlichen dem bilanzierten Anlagevermögen.) = Veräußerungsgewinn

Beispiel: Ohne Steuervergünstigung
- Verkaufspreis: 1.500.000 €
- Veräußerungskosten: -100.000 €
- Buchwert: -500.000 €
- Abzugsfähig (gesamt): 600.000 €
- Veräußerungsgewinn: 900.000 €
- Steuer auf Veräußerungsgewinn (ca. 45 %) 405.000 €
- Minderung der Steuerlast durch prozentuale Steuerminderung.
- Der Inhaber kann seinen Steuersatz um 56 % mindern, wenn er
- … das 55. Lebensjahr vollendet hat.
- … oder im sozialversicherungsrechtlichen Sinne dauernd berufsunfähig ist.
- … und der Veräußerungsgewinn nicht mehr als 5 Mio. Euro beträgt.

Beispiel: Prozentuale Steuerminderung
- Verkaufspreis: 1.500.000 €
- Veräußerungskosten: -100.000 €
- Buchwert: -500.000 €
- Abzugsfähig (gesamt): 600.000 €
- Veräußerungsgewinn: 900.000 €
- Einkommenssteuer auf Veräußerungsgewinn (ca. 45 %) 405.000 €
- Prozentualer Freibetrag (56 %): -226.800 €
- Steuer nach Abzug des Freibetrages: 178.200 €

Beispiel: Fester Steuerfreibetrag
- Verkaufspreis: 1.500.000 €
- Veräußerungskosten: -100.000 €
- Buchwert: -500.000 €
- Abzugsfähig (gesamt): 600.000 €
- Veräußerungsgewinn: 900.000 €
- Fester Steuerfreibetrag: - 45.000 €
- Veräußerungsgewinn nach Abzug des Freibetrages: 855.000 €
- Steuer nach Abzug des Freibetrages (ca. 45 %): 384.750 €

Minderung der Steuerlast durch einen festen Freibetrag.
Bei Veräußerungsgewinnen bis 136.000 € gilt ein Freibetrag von 45.000 €. Wichtig! Ein verminderter Steuersatz oder ein Freibetrag kann parallel angewendet werden. Da aber jede dieser Vergünstigungen nur einmal im Leben eines Steuerpflichtigen gewährt wird, sollte die Inanspruchnahme gut überlegt werden.

Des Weiteren gibt es die »Fünftel-Regelung«, bei der der Veräußerungsgewinn rechnerisch auf fünf Jahre verteilt wird, um einer Steuerprogression zu entgehen. Der (Ursprungs)Nutzen der »Fünftel-Regelung« liegt darin, die Steuerlast bei einer Abfindung zu mindern. Eine Berechnung der »Fünftel-Regelung« sollten Sie sich von Ihrem Steuerberater erstellen lassen, da hier alle Einnahmen mit in die Berechnungsformel einbezogen werden müssen.

Ratenzahlung
Bei der Ratenzahlung stundet der Verkäufer dem Käufer den Kaufpreis.

Die Ratenzahlungen laufen über einen festgelegten Zeitraum. Bei dieser Variante hat der Verkäufer die Möglichkeit, den Veräußerungsgewinn als »nachträgliche Einkünfte« zu versteuern, wenn der Zeitraum, über den die Ratenzahlungen erfolgen sollen, mehr als zehn Jahre beträgt.

Verkauf einer Kapitalgesellschaft
Durch den Verkauf seiner Gesellschaftsanteile erzielt der Inhaber einen Veräußerungsgewinn. Dieser Gewinn wird nach dem Teileinkünfteverfahren versteuert (40 % steuerfrei).

Ist der Anteilseigner eine Kapitalgesellschaft, sind Gewinne aus der Veräußerung von Kapitalbeteiligungen in vollem Umfang steuerfrei.

Der Veräußerungsgewinn wird folgendermaßen berechnet:
- Kaufpreis – minus Veräußerungskosten (z. B. Notar, Werbungskosten, Makler) – minus Anschaffungskosten der veräußerten Anteile = Veräußerungsgewinn

Beispiel: Privatperson ist Inhaber einer GmbH
Verkaufspreis: 1.500.000 €

Veräußerungskosten: - 100.000 €

Anschaffungskosten: - 500.000 €

Abzugsfähig (gesamt): 600.000 €

Veräußerungsgewinn: 900.000 €

Steuerfreibetrag 40 %: 360.000 €

Veräußerungsgewinn nach Abzug des Freibetrages: 540.000 €
Zu zahlende Steuer auf Veräußerungsgewinn (ca. 41 %) 221.400 €

Tipp! Bei diesen Beispielen (Höhe des Steuersatzes) wird davon ausgegangen, dass der Firmeninhaber verheiratet ist. Diese Hinweise sind nicht verbindlich. Sie sollten in jedem Fall vor der Einleitung des Verkaufsprozesses einen Steuerberater oder einen Fachanwalt hinzuziehen.

Kapitel 6

Und sonst ...

Fragenkatalog für einen Selbsttest
Aus dem Anforderungsprofil einer Due Diligence ist dieser Fragenkatalog entstanden.

Stellen Sie sich folgende Fragen:
Allgemeine Angaben
- Ihr Verkaufsgrund (offen und ehrlich)!
- Wie lange planen Sie schon den Verkauf Ihrer Firma?
- Haben Sie bereits den Wert Ihrer Firma ermittelt und wenn ja, wie?
- Wer ist über die Verkaufsabsichten Ihrer Firma informiert?
- Gibt es Rechtsstreitigkeiten, z. B. mit Mitarbeitern, Kunden oder Lieferanten?
- Gibt es Verbindlichkeiten gegenüber dem Finanzamt oder einer Krankenkasse?
- Gibt es Genehmigungen, die an Ihre Person gebunden sind und die für die Fortführung des Geschäftsbetriebes benötigt werden?
- Gibt es Verträge mit Kunden/Lieferanten, die an Ihre Firma/Person gebunden sind?
- Wie lange laufen die Mietverträge – und ist der Vermieter mit einer Übergabe einverstanden?
- Welchen Zeitraum haben Sie für den Verkauf eingeplant?
- Wie lange stehen Sie dem Käufer bei der Einarbeitung zur Verfügung?
- Sind Sie in der Lage, den Verkaufsprozess dahingehend zu unterstützen, dass Sie Termine mit Kaufinteressenten kurzfristig einrichten können?
- Gibt es von Ihrer Seite irgendwelche Bedingungen bezüglich

des Käuferprofils (Bonität vorausgesetzt)?
- Wie sieht Ihre Liquidität für die nächsten 6 - 9 Monate aus (Schulnote 1 - 6)?
- Ist die Firma in der IHK, der Handwerkskammer oder im Handelsregister eingetragen?

Fragen zum Thema Kunden & Leistungen
Eine Auflistung Ihrer Kunden (a-b-c) nach Umsatz und Ertrag wird hier vorausgesetzt. Ein 80:20-Verhältnis kann in vielen Fällen ein K.-o.-Faktor sein. Bei einer Nachfolgeregelung wird diesem Punkt viel zu wenig Bedeutung beigemessen, obwohl er spielentscheidend sein kann.
- Welchen Std.-/Tagessatz berechnen Sie (als Handwerker und Dienstleister)?
- Kennen Sie die Std.-/Tagessätze Ihrer Mitbewerber?
- Gibt es Wettbewerbsvorteile, z. B. Patente oder spezielle Anwendungs- oder Produktionsverfahren?
- Wie kommunizieren Sie Ihre Wettbewerbsvorteile?
- Gibt es eine Kundenliste, die den Umsatz und Deckungsbeitrag pro Kunde aufzeigt (Nachkalkulation)?
- Wer sind Ihre Top-Kunden?
- Wie hoch ist der Umsatzanteil der Top-Kunden (%)?
- Haben Sie die Umsatzentwicklung Ihrer Top-Kunden dokumentiert (2 - 3 Jahre)?
- Wie viele Top-Kunden haben Sie in den letzten 2 - 3 Jahren verloren und wenn ja, warum?
- Gibt es bestehende Leistungs- oder Serviceverträge mit Kunden und wie lange sind deren Laufzeiten?
- Wie hoch ist das Auftragsvolumen der Serviceverträge?
- Wie hoch ist Ihre Auslastung zurzeit (in %)?
- Wie hoch ist Ihr aktueller Auftragsbestand (Geld und Zeit wert)?
- Rechnen Sie Ihre Kunden über ein Factoring-System ab?

- Gibt es saisonbedingte Umsatzschwankungen und wenn ja, wann?
- Wer sind hauptsächlich die Auftraggeber, Private – Handel – Industrie?

Fragen zum Thema Mitbewerber
Da es heute bis auf wenige Ausnahmen keine Stammkunden mehr gibt, sollten Sie auf die Frage Was machen Sie besser als Ihre Mitbewerber?, eine klare Antwort haben!
- Wer sind Ihre direkten Mitbewerber?
- Wie beurteilen Sie Ihr eigenes Ranking im Vergleich zu Ihren Mitbewerbern?
- Was unterscheidet Sie von Ihren jeweiligen Mitbewerbern?

Fragen zum Thema Markt & Unternehmen
Marktentwicklung ist die Beobachtung des Marktes aus Sicht des Kunden. Einfach und schwierig zugleich. Hier gilt es dem Kaufinteressenten zu zeigen, dass Ihr Unternehmen am Markt agiert und nicht reagiert.
- Wie stellt sich Ihr Unternehmen in der aktuellen Situation dar?
- Wie sieht die Zukunft für Ihr Unternehmen aus?
- Wie entwickelt sich nach Ihrer Einschätzung die Branche in den nächsten 3 - 5 Jahren?
- Was wird sich nach Ihrer Meinung ändern (Produkt/Dienstleistung/Technik)?
- Wie stellen Sie sich auf diese Veränderungen ein – und welchen Status quo haben Sie?
- Wie – und wie oft – informieren Sie sich über aktuelle Themen, die im Zusammenhang mit Ihrer Branche stehen (z. B. Messe)?'
- Ist es sinnvoll, das Einzugsgebiet zu vergrößern – und wenn ja – warum und wie?

Fragen zum Thema Mitarbeiter
Das Thema Mitarbeiter und Know-how ist infolge der demografischen Entwicklung (Stichwort: Facharbeitermangel) ein entscheidendes Kriterium.

Global kann man sagen, je mehr Mitarbeiter, desto besser! Sie müssen sich aber auch auf die Frage einstellen: »Wie viele Knowhow-Träger sind im Unternehmen und wie können diese Leistungsträger an das Unternehmen gebunden werden?«

- Gibt es ein Organigramm?
- Gibt es ansonsten klare Verantwortlichkeiten/Strukturen für jeden einzelnen Mitarbeiter?
- Erstellen Sie für Ihre Mitarbeiter in regelmäßigen Abständen ein Leistungsprofil?
- Wie ist die Entwicklung Ihres Mitarbeiterstabes (2 - 3 Jahre)?
- Arbeiten Sie mit Subunternehmern/Personaldienstleistern?
- Haben Sie Mitarbeiter/Verkäufer, die sich ausschließlich um Verkauf/Akquisition kümmern?
- Sind Ihre Verkäufer für die „Arbeit am Kunden" geschult worden und wenn ja, wer nimmt diese Schulung vor?
- Wie hoch ist die Kündigungsquote in Ihrem Unternehmen?
- Wie motivieren Sie Ihre Mitarbeiter (Geld, Sachleistungen, persönliche Ansprache)?
- Bieten Sie Ihren Mitarbeitern Weiterbildungsmöglichkeiten an?
- Wie oft kommen Sie mit der gesamten Belegschaft zusammen (Meeting/Betriebsfest)?
- Gibt es einen Mitarbeiter, der Sie vertritt (zweite Führungsebene)?

Fragen zum Thema Werbung & Marketing
Marketing wird fälschlicherweise mit »Werbung« abgetan. Marketing ist aber viel komplexer.

Ohne ein professionelles Marketing sind Markt- und Pro-

duktentwicklung sowie das Know-how der Mitarbeiter nahezu wertlos.
- Besitzen Sie eine Kundendatenbank?
- Wie oft wird diese Kundendatenbank aktualisiert und überprüft?
- Nutzen Sie diese Kundendatenbank und wenn ja, wie?
- Weiß jeder Ihrer Kunden, welche Produkte (alle!) und welche Dienstleistungen (alle!) Sie anbieten?
- Besteht ein durchgängiges Erscheinungsbild (Logo, Firmenbroschüre, Arbeitskleidung usw.)?
- Verfügen Sie über eigene Produkt-, Dienstleistungs- oder Firmeninformationen (Print)?
- Haben Sie eine Homepage und wenn ja, gewinnen Sie darüber Kunden?
- Wie oft wird Ihre Homepage aktualisiert und wer ist dafür zuständig?
- Bewerben Sie Ihre Homepage?
- Werben Sie in Zeitschriften/Magazinen?
- Werben Sie über Brief- oder E-Mail-Mailing)
- Lassen Sie sich in Werbe- und Marketingfragen beraten (Stichwort: Kompetenzkreis!)?
- Wie gewinnen Sie neue Kunden?
- Wo sehen Sie das größte Wachstumspotenzial für Ihre Firma?

Fragen zum Thema Persönliches

Falsch verstandene Profilneurose – ohne mich läuft hier nichts – ist vollkommen fehl am Platz. Kaum vorstellbar, aber wahr: Die meisten Übergaben scheitern am Inhaber! Kommen wir nun zu den Fragen.
- Wie hoch ist Ihre derzeitige Motivation (1 - 6)?
- Wenn Ihre Motivation niedrig ist, welches sind die Gründe?
- Ärgern Sie sich häufiger über Ihre Mitarbeiter?
- Wie lange machen Sie an einem Stück Urlaub?

- Wenn Ihr Top-Mitarbeiter heute Ihre Firma verlassen würde, was würde passieren?
- Was würden Sie tun, um den Verlust Ihres Mitarbeiters auszugleichen?
- Welches sind Ihre persönlichen Stärken (mind. 2 - 3)?
- Welches sind Ihre persönlichen Schwächen (mind. 2 - 3)?
- Kontrollieren Sie Ihr(e) Unternehmen (Mitarbeiter) während Ihres Urlaubs?

Fragen zum Thema Anlagevermögen & Warenbestand
- Wie hoch ist der Zeitwert des Anlagevermögens?
- Verfügen Sie über Patente (D, Europa, international), angemeldete Marken oder Gebrauchsmuster?
- Laufzeit und Wert der Patente oder Gebrauchsmuster
- Stehen größere Reparaturen/Anschaffungen in den nächsten 6 - 12 Monaten an?
- Sind Teile des Anlagevermögens geleast?
- Wie hoch ist der aktuelle Waren-/Lagerbestand?
- Wie hoch ist der Anteil des Waren-/Lagerbestandes, der unverkäuflich ist (in % und €)?

Sollten Sie bei der Beantwortung dieses Fragenkataloges an Ihre Grenzen stoßen, weil es Ihnen eventuell an der notwendigen Neutralität fehlt, können Sie mich gerne kontaktieren. Senden Sie einfach eine E-Mail an: info@schenk-und-partner.de

Zusammenfassend
Jede der hier aufgeführten Fragen unterliegt einer individuellen Risikobeurteilung des Kaufinteressenten. Die Erfahrung zeigt: Eine positive Beantwortung hat eine positive Hebelwirkung auf den Kaufpreis. Gemäß der Erkenntnis, dass ein Käufer jedes Risiko vermeiden will, führt ein »gefühltes Risiko« in 9 von 10 Fällen zum sofortigen Verhandlungsabbruch.

Wie Sie sehen, haben Sie es selber in der Hand. Im Zweifel sollten Sie sich professionelle Hilfe holen. Es kann unter Umständen sehr hilfreich sein, wenn jemand Ihr Unternehmen aus einer neutralen Perspektive beurteilt.

Geheimhaltungsvereinbarung (Muster)

Herr Mustermann verpflichtet sich, alle Informationen, die ihm in schriftlicher oder mündlicher Form zugänglich gemacht werden, vertraulich zu behandeln und ohne schriftliche Einwilligung, weder in schriftlicher noch mündlicher Form, an Dritte weiterzugeben. Hiervon ausgenommen sind Auskünfte an zur beruflichen Verschwiegenheit verpflichtete Berater (Rechtsanwälte, Steuerberater, Wirtschaftsprüfer, Banken), wenn und soweit ihnen diese Informationen zum Zweck fachlicher Beratung oder Prüfung überlassen werden müssen.

Nicht vertrauliche Informationen, im Sinne dieser Vereinbarung, sind sämtliche Kenntnisse und Informationen, die zur Zeit ihrer Übermittlung bereits offenkundig waren bzw. zur Zeit ihrer Übermittlung dem Informationsnehmer bereits bekannt waren. Dabei werden Veröffentlichungen in den Medien als allgemein bekannt verstanden.

Sollte Herr Mustermann das (jeweilige) Unternehmen nicht kaufen, verpflichtet er sich, alle Unterlagen, Dokumente und Schriftstücke, die er erhalten hat, unverzüglich zurückzugeben.

Herrn Mustermann ist bewusst, dass ein Verstoß gegen diese Vereinbarung zu einem Schaden aufseiten des Informationsgebers führen kann.

Die Geltendmachung von Schadensersatzansprüchen bleibt für jeden Fall eines Verstoßes gegen diese Vertraulichkeitsvereinbarung ausdrücklich vorbehalten.

Datum/Unterschrift

Quellen

Hilfe! Ich will meine Firma verkaufen. (1st und 2te Auflage)
Autor: Manfred Schenk.
Taschenbuch 170 Seiten.
Verlag: Romeon-Verlag 2012
Sprache: Deutsch
INBN: 978-3-96229-045-0

Think Limbic!
Die Macht des Unbewussten verstehen und nutzen für Motivation, Marketing, Management.
Autor: Dr. Hans-Georg Häusel
Taschenbuch: 228 Seiten
Verlag: Haufe-Lexware; Auflage: 4. Aufl. (8. Juni 2005)
Sprache: Deutsch
ISBN-10: 3448068136 - ISBN-13: 978-3448068139

Fühlen, Denken, Handeln: Wie das Gehirn unser Verhalten steuert
Autor: Prof. Dr. Dr. Gerhard Roth
Taschenbuch: 608 Seiten
Verlag: Suhrkamp Verlag; Auflage: Neue, vollständig überarbeitete Auflage
(24. November 2003)
Sprache: Deutsch
ISBN-10: 3518292781 - ISBN-13: 978-3518292785

Das Harvard-Konzept: Der Klassiker der Verhandlungstechnik
Autor: Roger Fisher, William Ury, Bruce Patton und Ulrich Egger
Broschiert: 272 Seiten
Verlag: Campus Verlag; Auflage: 23 (13. Juli 2009)
Sprache: Deutsch
ISBN-10: 3593389827 - ISBN-13: 978-3593389820

Definition der Kleinstunternehmen sowie der kleinen und mittleren Unternehmen
(KMU-Definition)
Empfehlung der Kommission vom 6. Mai 2003, Amtsblatt der Europäischen Union Nr. L 124 vom 20. Mai 2003, S. 36.
Schätzung der Unternehmensübertragungen in Deutschland im Zeitraum 2010 bis 2014
Hauser, H.-E.; Kay, R.; Boerger, S.: Unternehmensnachfolgen in Deutschland
2010 bis 2014 – Schätzung mit weiterentwickeltem Verfahren – in: IfM Bonn
(Hrsg.): IfM-Materialien Nr. 198, Bonn 2010.

Der Autor
Manfred Schenk, geb. 1955, verheiratet, 2 Söhne.

Die ersten Erfahrungen zu dem Thema »Wie verkaufe ich meine Firma« machte der Autor Anfang 2000, als er seine damalige Firma in »Eigenregie« verkaufte. Weitere, sehr intensive Erfahrungen konnte er als leitender Business-Manager bei einem der größten M & A Unternehmen in Deutschland sammeln.

Neben profunden Kenntnissen in den Bereichen Marketing & Vertrieb – hier erhielt Manfred Schenk 2008 den Innovationspreis der »Initiative Mittelstand« – hat sich der Autor in den letzten Jahren sehr intensiv mit den Themen Neuromarketing und Verhandlungstechniken beschäftigt.

Zu diesen Themen, die im direkten Zusammenhang mit einer Unternehmensnachfolge von Relevanz sind, ist der Autor auch ein gefragter Redner auf vielen nationalen Veranstaltungen.

Manfred Schenk ist heute der Geschäftsführer des Beraternetzwerkes SCHENK & PARTNER, das sich auf die Bereiche: Firmenbewertungen, Firmenverkäufe und Firmenbeteiligungen spezialisiert hat. Kunden sind ausschließlich inhabergeführte kleine und mittelständische Unternehmen.

Von Anfang an verfolgte dieses Netzwerk einen vollkommen neuen Beratungsansatz.
- Der Fokus liegt eindeutig auf Vorbereiten und Aufklären.
- Die Umsetzung dieses Know-hows spiegelt sich heute in einer eindrucksvollen Erfolgsquote wider.

Informationen finden Sie im Internet unter:
www.schenk-und-partner.com
oder wenden Sie sich direkt
per E-Mail an den Autor:
E-Mail-Adresse:
SuP@email.de